陕南地区绿色农房的气候适应性设计

（上篇：策略与模式）

刘 煜 等著

西北工業大學出版社
西 安

【内容简介】本套书从气候适应性的角度，阐述了陕南地区绿色农房的设计和营建，分为上、下两篇。本书为上篇，首先介绍陕南地区的地理、气候及文化特征、传统民居的形态及特征，其次阐述陕南地区绿色农房的气候适应性设计策略，最后提出陕南地区绿色农房气候适应性设计的模式语言。

本书可供陕南地区气候适应性绿色农房的研究、设计、建造、管理和使用者，以及对陕南地区绿色农房气候适应性设计感兴趣的读者参考。

图书在版编目（CIP）数据

陕南地区绿色农房的气候适应性设计. 上篇，策略与模式/ 刘煜等著.—西安：西北工业大学出版社，2022.9

ISBN 978-7-5612-6725-7

Ⅰ.①陕… Ⅱ.①刘… Ⅲ.①气候影响－农村住宅－生态建筑－建筑设计－研究－陕南地区 Ⅳ.①TU241.4

中国版本图书馆CIP数据核字（2020）第018487号

ShanNan DiQu Lü Se NongFang De QiHou ShiYingXing SheJi (ShangPian : CeLüe Yu MoShi)

陕南地区绿色农房的气候适应性设计（上篇：策略与模式）

责任编辑：查秀婷　　**策划编辑：**杨　军

责任校对：王玉玲　　**装帧设计：**侣小玲

出版发行：西北工业大学出版社

通信地址：西安市友谊西路 127 号　　邮编：710072

电　　话：（029）88491757，88493844

网　　址：www.nwpup.com

印 刷 者：陕西瑞升印务有限公司

开　　本：727 mm×960 mm　1/16

印　　张：6.25　　彩插：2

字　　数：119 千字

版　　次：2022 年 9 月第 1 版　　2022 年 9 月第 1 次印刷

定　　价：39.00 元

前　言

国家住房和城乡建设部及工业和信息化部于2013年12月发布《关于开展绿色农房建设的通知》（以下简称“通知”），标志着绿色农房建设正式成为国家层面的建设任务。“通知”明确提出绿色农房建设应坚持尊重实际，保持农村特色，结合当地气候条件和农村实际，尽量使用被动技术，避免采用复杂设备。充分利用当地经济适用的绿色建材，传承传统工艺、改良传统农房、保持传统风貌等具体要求，对绿色农房的研究、设计和建造起到了明显的推动作用。

在以上背景下，国家科学技术部、住房和城乡建设部及各省市发布了一系列绿色农房相关研究课题。本书编写人员在2015年7月—2018年12月期间，承担并完成了其中的国家“十二五”科技支撑计划项目“美丽乡村绿色农房建造关键技术研究与示范”之子项目“夏热冬冷（西部）地区绿色农房气候适应性研究和周边环境营建关键技术研究与示范”（编号：2015BAL03B04-2），以及陕西省国际科技合作与交流计划项目“陕南秦巴山区当代绿色农房环境适应性设计营建关键技术研究”（编号：2016KW-031）。本套书是依据以上研究项目成果进行编写的，本套书在以上项目研究成果基础上，由刘煜总体策划并主持编写。全书分为上、下篇，分册装订。

本套书是项目课题组全体师生的集体成果。课题组成员包括西北工业大学刘煜、王晋、郑武幸、张立琋、李静、刘京华、曹建、艾兵、杨卫丽、陈新、吴耀国、毕景龙、周岚、邵腾、黄姗、芦旭，长安大学任娟，浙江理工大学马景辉、李国建等老师；西北工业大学硕士研究生吴鑫澜、肖求波、赵娟、赵园馨、余龙飞、刘奕、王敏、何娇、周方乐、车栋、范兵、樊瑞祎、李潮、Bayaraa Bolortsetseg、文婷、姜应哲、申明肖，浙江理工大学硕士研究生汪辰等同学。

本书为上篇，内容包括4章：第1章陕南地区的地理、气候及文化特征；第2章陕南地区传统民居的形态特征及原型；第3章陕南地区绿色农房的气候适应性设计策略；第4章陕南地区绿色农房气候适应性设计的模式语言。

本书第1章由郑武幸、刘煜主笔，郝上凯、杨潇静绘图；第2章由何娇撰写初稿、绘制图表，李静、刘煜、任娟完善终稿，修订图表；第3章由余龙飞撰写初稿、绘制图表，刘煜完善终稿；第4章由余龙飞、赵娟撰写初稿、绘制图表，刘煜、邵腾完善终稿、修订图表。全书由刘煜负责统稿，参考文献由邵腾参与统稿，图表由郝上凯、杨潇静、李文强参与补充和完善。

本书力图从气候适应性设计的角度，为陕南地区的绿色农房建设提供指导和借鉴。随着陕南地区经济快速发展、城镇化不断加速及移民搬迁工程逐步实施，该地区绿色农房建设面临着明显的多样性、复杂性和矛盾性。

本书项目研究过程中，得到陕南地区相关县、乡、镇政府，街道社区及乡村居民的热情帮助，特别是得到汉中市宁强县科技局及汉源镇、高寨子镇政府的大力协助，在此深表感谢。同时，在本书写作过程中参阅了大量文献资料，在此对其作者表示衷心的感谢！本书的出版得到西北工业大学出版基金资助，在此一并致谢！

本书为阶段性研究成果，限于能力水平，书中难免存在疏漏不足之处，诚恳希望关注绿色农房气候适应性设计的各位读者批评指正。

作　者

2019年8月25日

目　录

第1章　陕南地区的地理、气候及文化特征

陕南地区指陕西省南部地区，行政区划包括汉中、安康和商洛三市，面积约为6.9万km^2，占全省总面积的34%。该地区北靠秦岭、南倚巴山，是长江最大支流汉江的发源地。汉江源自陕南地区汉中市宁强县，自西向东穿流而过。

1.1　陕南地区的地理特征

1.汉中

汉中市位于陕西省西南部，北界为秦岭主脊，与陕西省宝鸡市、西安市为邻；南界为大巴山主脊，与四川省广元市、巴中市毗连；东与陕西省安康市相接；西与甘肃省陇南市接壤。最大直线长度东西为258.6 km，南北为192.9 km[1]。

汉中市北部秦岭势如屏障，最高峰在洋县旮人坪梁顶，海拔3 071 m；最低处在西乡县茶镇南沟口，海拔371.2 m。汉江横穿汉中全境形成冲积平原。汉中盆地东西长116 km，南北宽约5～30 km，汉台区附近最宽为25～30 km；汉江支流牧马河与泾洋河在西乡县城东北汇合，形成冲积性宽谷坝子，名为西乡盆地。汉中盆地海拔在500 m上下，秦巴山体高出汉中盆地500～2 500 m。汉中地区地貌类型多样，以山地为主，占总土地面积的75.2%（其中低山占18.2%，高中山占57.0%），丘陵占14.6%，平坝占10.2%[1]。

2.安康

安康市地处陕西省南部，居川、陕、鄂、渝交接处。南依巴山北坡，北靠秦岭主脊，东与湖北省郧县、郧西县接壤，东南与湖北省竹溪县、竹山县毗邻，南接重庆市巫溪县，西南与重庆市城口县、四川省万源市相接，西与汉中市镇巴县、西乡县、洋县相连，西北与汉中市佛坪县、西安市周至县为邻，北

与西安市户县、长安区接壤，东北与商洛市柞水县、镇安县毗连[2]。辖区东西最大距离250.1 km，南北最大距离236.2 km。

安康市在大地构造位置上具有南北衔接、东西过渡的特点。全市地貌可分为亚高山、中山、低山、宽谷盆地、岩溶地貌、山地古冰川地貌六种类型。土地面积中，大巴山约占60%，秦岭约占40%；山地约占92.5%，丘陵约占5.7%，川道平坝约占1.8%。秦岭主脊横亘于其北，大巴山主梁蜿蜒于其南，凤凰山自西向东延伸于汉江谷地和月河川道之间，形成“三山夹两川”地势轮廓。秦岭、大巴山主脊与汉江河谷的高差均在2 000 m以上。

3.商洛

商洛市位于陕西省东南部，东与河南省南阳市、灵宝市、卢氏县、西峡县、淅川县等交界；东南与湖北省郧县、郧西县相邻；西和西南与安康市宁陕县、旬阳县接壤；北与渭南市潼关县、华州区、华阴县及西安市蓝田县、长安区毗连[3]。

商洛市总体地势西北高，峡谷峻岭密集，最高点是秦岭主脊上的柞水牛背梁，海拔2 802.1 m；向东南渐低，川垣丘陵较多，最低点位于商南县梳洗楼附近的丹江谷地，海拔215.4 m。五条主要山脉——秦岭主脊、蟒岭、流岭、鹘岭、郧西大梁和新开岭由西北向东北、东、东南伸延，岭谷相间排列，使全市总观呈掌状谷岭地形。全市川垣、丘陵地域面积约占土地总面积的10%，低山地面积约占71%，中山地面积约占16%，素有“八山一水一分田”之称[3]。

1.2 陕南地区的气候特征

1.汉中

汉中地处北亚热带大陆性季风气候区，由于北有秦岭、南有大巴山脉两大屏障，寒流不易侵入，潮湿气流不易北上，气候温和湿润、干湿有度[1]。气温分布主要受地形影响。年均气温14℃，西部略低于东部，南北山区低于平坝和丘陵。海拔600 m以下的平坝地区年均气温在14.2～14.6℃；海拔1 000 m以上地区的年均气温低于12℃；西嘉陵江河谷年均气温高于13℃[1]。

汉中全年降水的暖湿空气，主要来自印度洋孟加拉湾，其次是西太平洋。夏季，在副热带高压影响下，孟加拉湾水汽沿西南低涡下部的西南季风北上，经西藏、云南及四川西北部到达该区上空；西太平洋水汽随副热带高压边缘的东南气流输入该区上空。冬季，受极地大陆冷气团（主要是蒙古高压）控制，多西北季风，形成寒冷、干燥、少雨的天气。春秋为过渡季节，春暖少雨，秋凉多雨，气候湿润。地面植被、水库、河流、田园等所蒸发于空间的水汽参与降水甚微。来自西南、东南的暖湿气流受巴山、秦岭阻隔，使得区内雨量充沛，但由于两山位于西南气流的路径上，以及地形抬升和山地的垂直影响，使本区南北承接水汽不等，降水量分布悬殊，多年平均降水量为700～1 700 mm。其中南部米仓山最为丰富，成为陕西之冠[1,4]。

汉中地区年平均相对湿度分布基本呈南大北小态势。汉江平坝、巴山山地为70%～80%，秦岭山地为73%。一年中冬春两季较短，夏秋较长。9、10月湿度为全年之冠，均在80%～86%。冬季（12、1、2月）三个月汉江平坝、巴山山地湿度为75%～80%，秦岭山地为58%～66%。区内年均风速介于1～2.5 m/s之间，鲜见大风天[1]。

2.安康

安康地处北亚热带大陆性季风气候区，气候湿润温和，四季分明，雨量充沛，无霜期长。其气候特点是冬季寒冷少雨，夏季多雨且多有伏旱，春暖干燥，秋凉湿润并多连阴雨。多年平均气温15～17℃，1月平均气温3～4℃，7月平均气温22～26℃。全市平均气温年较差为22～24.8℃。垂直地域性气候明显，气温的地理分布差异大：川道丘陵区一般为15～16℃，秦巴中高山区为12～13℃。无霜期年平均253天，最长达280天，最短为210天。年平均日照时数为1 610小时。0℃以上持续期320天（一般为2月10日—12月20日）。年平均降水量为1 050 mm，年平均降雨日数为94天。降雨集中在每年6月至9月，7月最多[2]。

3.商洛

商洛市地处中国北亚热带大陆性季风气候区。全市冬无严寒，夏无酷暑，冬春多旱，夏秋多雨，温暖湿润，四季分明。年平均气温为7.8～13.9℃，年平均降水量为696.8～830.1 mm，年平均日照时数1 848.1～2 055.8小时。气象灾害有干旱、暴雨、连阴雨、冰雹、霜冻、大风、寒潮降温等。商洛市山大沟深，谷壑纵横，峰峦叠障，地形复杂，垂直高度差异较大，具有明显的山地立体气候特点，各地光、热、水气候资源和气象灾害都有明显的差异，分布极不平衡[3]。

1.3 陕南地区的文化特征

陕南地区地处秦、楚、蜀三大传统文化交汇地带，特殊的地理环境，加之历史上数次大规模的移民搬迁和人口流动，使得其在发展演进过程中，不断受到不同外来文化的冲击和辐射，逐渐呈现出南北交汇、多元融合、丰富多样的鲜明文化特征。

1. 南北交汇的社会人口

历史上，汉江上游地区曾发生过多次大规模移民活动，最早可以追溯到西周末年。其原因大致有两种：一种是政府强制要求或政策引导下的有组织移民搬迁；另一种是躲避战乱、瘟疫、灾荒等原因的民间自发流动。先秦至宋元时期迁入陕南的移民大多来自于甘陇、关中等北方地区，明清时期移民则主要来自闽、粤、赣等南方地区，不同时期移民来源的不同反映了当时朝代变迁的特点。

明清时期的移民活动对当代陕南地区的影响最为明显，清前期的“湖广填四川”后延伸成为“湖广填陕南”的移民活动，导致陕南地区人口数量、人口结构及空间分布均发生巨大变化。一方面，频繁发生的移民活动，增加了汉江中上游地区的人口数量；另一方面，随着匈奴、鲜卑、氐、羯、羌等少数民族的迁入，使得陕南（特别是汉中）地区原本以汉族为主的人口结构发生了改变[5]。明清时期江南、两广的移民迁入后，与汉江中上游土著居民融合，也使该地区人口构成发生了很大变化。随着时间的推移，在汉族思想、习俗为主的大环境下，少数民族逐渐被汉化，不断与汉人通婚也使其人口占比越来越小，在流动变迁中最终形成以汉族为主的人口构成[5,6]。

2. 多元融合的地域文化

陕南地区是汉江的发源地。约120万年前，在汉江沿岸就有古人类活动，新石器时代已有较为成熟的聚落形成；在春秋战国和三国等不同历史时期，陕南地区曾是秦、楚、蜀等反复争夺之地。在几千年历史演进过程中，由于不同时期管辖属地的变迁，加之多次发生的大规模移民活动，各种外来文化先后在陕南地区出现，使当地文化在冲击、交流和融合中不断得到演变、丰富和发展。

历史上，陕南地区曾为蜀地，元朝时为了加强对四川的管理，将其划归陕西，因此当地民居多受秦、蜀两地民居型制的影响，具有南北交融的特色。在语言口音上，形成了“近蜀则如蜀，近秦则似秦”的特点。到了明清时期，大量南方客民在陕南更是“五方杂处，无族姓之联级，无礼教之防维”，呈现出“路隔三五里，人同音不同”的奇妙现象[6]。其方言的显著特点是古语今流，无论是口语还是书面语，都保留了许多古汉语的词汇。由于客民来自四面八方，也带来了不同的生产工艺和建造技艺，使得当地居民的生活习俗和建筑形态丰富多样、错综复杂、异彩纷呈，呈现出南北融合、东西过渡的地域特征。巴蜀文化、荆楚文化、三秦文化在陕南地区汇聚共生，共同形成了当地独有的丰富、开放、多元和包容的地域文化，具体表现为源远流长的氏族文化、错综复杂的语言体系、色彩斑斓的民间艺术、优美动听的民族歌谣、神秘奇特的宗教文化等[6]。

3. 丰富多样的民居文化

陕南地区有山坳、河沿和平坝，当地居民将山、水、木、竹、地形、地貌等自然条件，巧妙地组织到村镇规划及宅院布局之中，创造出筑台、跌落、错层、吊脚、悬挑、架空、附岩、分层出入等巧妙的建筑空间处理手法，人们靠山用山、靠水用水，在充分了解利用自然的同时，化害为利，使建筑空间自然地融于环境之中。

陕南地区传统民居有石头房、竹木房、吊脚楼、三合院及四合院等。石头房多建于山区，以当地石头为基本材料。通常是后墙靠山崖，三边以石头砌墙，屋顶木架上铺以页岩石板，可以经风耐雨，造价低廉。竹木房四壁用圆木垒成，留有门窗，屋顶用毛竹搭在木梁上，再以竹篾条结扎并以蓼叶覆盖。有的人家在横梁上架木，上铺密竹，抹上灰泥，成为顶楼，用以存放粮食等。竹木房多建于林边及山坳。吊脚楼多建于沿江集镇，以木桩或砖石支撑，上面架以楼板，四壁或用木板，或用竹排涂灰泥；屋顶铺瓦或茅草。吊脚楼的窗户多开向江的方向，所以也叫望江楼。三合院和四合院多见于平坝地区。三合院有正房三间，中间为堂屋，东西为厢房。正房前屋檐外伸，檐下空间可用来吃饭、休息、会客，以及做家务劳动。厢房开间比正房小，两端有围墙相连，墙中间朝南开门。四合院由正房、厢房和过门组成，中间有天井，比三合院更加讲究。三合院和四合院的居室常以土坯、砖石、木为基本建筑材料，大门多向南，忌朝西。不论是聚族而居的城堡，还是曲径通幽的宅院；不管是凭险据守的山寨，还是随意而安的村落，其中的建筑大多都体现出装饰的审美情趣，且多数装饰都有一定的家族含义[6]。

第2章　陕南地区传统民居的形态特征及原型

2.1　传统民居的一般影响因素

建筑是人类走向文明的过程中，为适应自然条件，满足自身需求而创造形成的作品，其遮风避雨和防御侵袭的基本功能体现了人类寻求安全庇护、追求舒适生活的需要。居住建筑在人类社会的发展进程中虽然经历了无数的演变，但仍遵循着一些基本的形式与法则，通过深层挖掘与剖析，可以提取其中蕴含的传统经验与智慧。民居是居住建筑的主要类型之一，最能体现建筑的地域特性。民居建筑在形成过程中受到多元因素的共同影响，在不同地区展现出形态各异的建筑空间和形态，这与当地的自然环境、人们的生活习惯、经济水平以及具体的建造方式等因素息息相关。

2.1.1　自然环境因素

1. 地形地貌

建筑依地而生，依人而存，营造适时，据物所成。由山脉、平原、河流等地理要素所构成的地形地貌，是一个地区最直观的整体面貌和物质环境，它影响着地区的自然气候、生态环境和资源物种。因地制宜是建筑设计中地域性表达的重要原则，体现了人类对自然的顺应和尊重。各地建筑在对环境、地形的适应过程中逐渐形成了具有地区特点的建筑形式，也具有了区别于其他地区建筑的可识别性。

地形地貌是影响建筑选址及空间形态的基本因素之一，山地、平原、高原、谷地等不同的地形地貌塑造了不同形态特征的民居，如图2-1所示。例如北方黄土高原的窑洞，在高原隆起的竖向截面上向内挖洞穴，整齐排列，远处看形成层层叠落的整体效果，正是因其独特的高原地貌及具有垂直柱状节理的黄土，成就了风格独特的地区传统民居；三峡地区土家族的吊脚楼，因当地坡度较大的山地地形及依山傍水的地貌特点，民居在山地和河流边利用数根支柱做局部支撑，从而获得较平整的基地，再在抬高的基础上建造房屋，以争取更大且更安全的居住空间；苏州地区河道纵横，其传统民居傍水而筑、鳞次栉比，受密集水系的影响，其民居布局较为自由，跟随河道的形态流向而变化，体现出典型的水乡民居特点。

（a） （b）

（c） （d）

图2-1 地形地貌对传统民居的影响
（a）依山就势的陕北窑洞；（b）依山傍水的三峡地区吊脚楼；
（c）沿河而建的苏州民居；（d）江南水乡的民居风貌

无论南方还是北方，我国传统民居大部分采用院落式布局。“院落”是中国传统民居建筑中一个十分重要的空间，它不仅是民居内部的庭院空间，更是民居内部与外界环境相联系的重要媒介。院落式民居的形态由于地形地貌的差异也具有一定的变化规律，从北方到南方，随着纬度的减小，民居中的庭院空间愈来愈小。北方地域辽阔、地形平缓，多为高原或平原地貌，民居庭院占地面积大且空间开敞，建筑组合较疏离；而南方用地紧张，山脉河流众多，多为山地、丘陵地貌，庭院逐渐演变为小而深的天井，建筑布局紧凑，以适应有限的地形，争取更多的居住空间。

2. 气候条件

气候指某一地区多年的天气特征，由太阳辐射、大气环境、地面性质等因素相互作用所决定[7]。一个地区的气候条件是影响该地区建筑形态的重要因素之一。具体而言，在温度、湿度、日照、风向、降水等方面都对建筑的形成具有很大影响。气候的差异直接影响着不同地区建筑的空间布局、外观形态和构造技术等。人们利用各种适宜的技术方法来趋利避害以创造舒适的生活环境，不同的处理方法则决定了建筑的外部形态和空间特征，从而形成具有不同风貌和地域特征的建筑。

在我国，气候潮湿多雨的南方，采用屋顶坡度大并且底层架空的干栏式建筑形式，以适应当地的气候。例如云南地区的傣族竹楼，其架空的底部、倾斜的屋顶、竹蔑做的墙体等建筑构件可以起到防潮防水、通风散热、防洪防虫的作用；屋顶采用自己烧制的薄瓦，挂于椽子上横向钉实的竹条上，呈鱼鳞状并不再加固，这种屋顶做法对通风散热及雨水的排放十分有效。可以看出，大到整体形态，小到细部做法，傣家竹楼的建造无一不体现着对湿热多雨气候的应对经验，如图2-2（a）所示。与南方民居相反，干旱少雨的北方，屋顶的坡度平缓甚至为平顶，出檐小或者不做屋檐，围护结构也选用保温性能好且厚实的材料，以加强冬季的保温。在青海、内蒙等严寒地区，民居建筑多采用内向聚合的形态，平屋顶、开小窗。为了更利于冬季保暖，入口处还会设置门斗，进一步减缓和阻挡冷空气直接进入室内，如图2-2（b）所示。

（a）

（b）

图2-2　气候条件对传统居民的影响
（a）云南傣族竹楼；（b）青海民居

3. 自然资源

自然资源为人类的生活和发展提供了物质基础，对建筑的影响主要体现在建筑材料的选用方面。通过观察各地民居可以发现，林业资源丰富的地区多为木构建筑。盛产石材的地区以石构建筑为主，竹林多的地区建有竹楼，黄土高原地区的建筑则以窑洞、生土建筑为代表。各地民居之所以具有这样的特点，是因为在最初生产力较低的条件下，建筑的建造需要耗费大量原始材料，而这些材料在加工前往往体积庞大，运输困难，并且地理的障碍也或多或少地限制了人类的生产活动范围。因此就地取材，就近加工、建造成为人类最好的选择，继而一代代延续传承下来。建筑材料的特性、色彩、形状、质感等直接影响着建筑的外观形态与居住感受，使用当地建筑材料有助于使传统民居在外观上与自然环境相协调，最大限度地体现建筑的地域性。

甘肃、陕北等内陆地区，气候干燥寒冷，水资源相对缺乏，人们利用黄土高原地区最充足的自然资源——生土来营建住所，利用其良好的保温性能，创造出冬暖夏凉的窑洞，同时达到节地节材的效果。福建泉州等沿海地区盛产花岗岩，人们就地取材，用石头砌筑民居，以抵御海风带来的酸性腐蚀及台风等恶劣天气。其梁柱、楼板、墙体均采用花岗岩石块堆砌而成，花岗岩质地坚硬、不易风化，因矿物元素含量的差异还会形成多样的色彩，这些特性高度适应了当地气候环境的特点，再融入人们的创造性与审美观念，最终形成了充满地方色彩、冬暖夏凉的石头厝民居。

2.1.2　社会人文因素

如果把一座建筑比作一株植物，自然环境造就了它的根系，社会文化则形成了它的枝叶。文化是一切族群社会现象与内在精神的既有、传承、创造、发展的总和，存在于物质之中又游离于物质之外。它包括被传播、被继承下来的国家或民族的历史、地理、风土人情、传统习俗、生活方式、文学艺术、行为规范、思维方式、价值观念等。文化与人类的生活息息相关，与社会的形态也相辅相成。不同的民族、不同的社会有着不同的文化，在不同的文化中成长的人对待事物的看法和方式会有所不同，而人的主观意志对建筑的形成起着很大的决定作用，所以不同地区会出现体现不同文化、风格，有着千差万别的建筑。一个地区的社会心理、文化模式构成了当地的社会人文背景。地区建筑原型是在当时的社会文化背景下，在历史发展中逐渐演化和积累而形成的，当地的风土人情、宗教信仰、宗法礼制、经济形式和建造技术水平都对它具有非常深刻的影响。

1.传统民俗

传统是人类经由祖祖辈辈的继承而逐步形成的，是历史的积累，是一个地区人们世代传袭、连续稳定的行为和观念。传统民俗是一个地区具有普遍性的民间文化生活的表现形式，是存在于人们意识中约定俗成的风俗习惯。每个地区的传统民俗承载着当地独有的生活模式和生活经验，这些模式和经验经过人们思想意识的处理，以谚语、民谣、神话、寓言故事等口头流传的方式或者形状、图案、花纹等具象的形式代代相传，不自觉地运用于建筑的设计与营建中，影响着建筑原型的形成。因此建筑原型中总是蕴含着地区的传统民俗，体现着当地的风俗习惯，成为民俗的载体。传统民俗决定了建筑原型的空间特征，建筑原型表达着传统民俗的内含特点，二者互相依存、相辅相成。

我国传统民俗在建筑中常以建宅禁忌的形式表现出来。中国人在选址建房方面，最注重的就是风水学。人们认为家庭的兴旺与建筑的风水有很大关系，不能随意确定房屋的位置和朝向，必须遵循风水学原理，将周围环境中的自然和超自然力量都汇集起来，这样才能得到庇佑、带来好运。“背山面水、面南背北、择高而居”是我国传统民居选址的基本指导思想。它不仅仅是基于风水的说法，也蕴涵着一定的生物气候设计策略，即这样选址可以使建筑获得更多的日照，有利于阻挡冬季寒风，获得更多夏季凉风等，如图2-3所示。

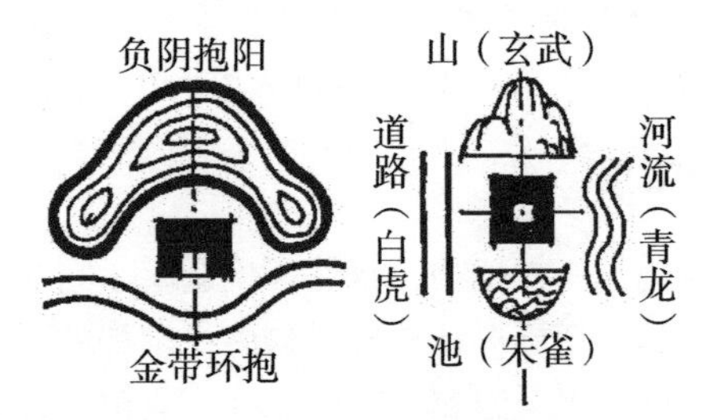

图2-3　风水学中的“最佳选址”[8]

此外，由于传统风俗的不同，各地对宅基地周围环境的选择习惯也不尽相同：在山西有居不近市的习俗，河南则忌讳宅无出路等；建房讲究格局，宅院的布局宜实忌虚，实有五实（宅小人多、宅大门小、墙院完整、六畜齐全、水流东南），虚有五虚（宅大人少、门大内小、墙院不整、井灶不全、地多屋少），房间数喜单忌双（通常以单间、三间、五间为一座，不盖双数房间的房屋），家宅基地要前低后高等。

2. 宗法礼制

我国传统社会以血缘为纽带，以家族为基本单位来建立秩序，宗法礼制深深扎根于人们的思想之中，伦理道德观念也约束和影响着人们的行为和生活方式。从农业社会生产和生活需要出发，将社会道德规范归纳为“礼”与“法”

两个层次，进而形成“三纲五常”等观念，起到约束人们思想和行为的作用。在传统社会中，人们认为这些是约定俗成的基本生活法则和道理[9]。在这种传统的礼制社会之下，我国传统民居一直以来就与“尊卑有序、长幼分明”的人伦道德思想紧密联系在一起，传统的宗法礼制无论是在官式建筑，还是普通的民居建筑中都有所体现。

我国传统民居建筑的布局方式深受中国传统礼制思想的影响，讲究中轴对称。民间有“一、二不上数，最小三起始”的说法，一般中国传统建筑开间数是以奇数为单位，较少采用偶数开间，因为奇数开间更能体现以中为尊、尊卑有序的伦理道德观念，所以就产生了“一明两暗”这种最基本的传统民居建筑型制。院落式民居也遵循尊卑、长幼、内外的传统礼制思想来分配房间：长辈住正房，晚辈住厢房，妇女住在内院，来客和男仆则住在外院。

宗法礼制对民居建筑的影响不仅体现在布局形式上，也体现在色彩装饰上，而且对建筑的外形风格具有一定的决定作用。在以“礼”为主要指导思想的社会，民居建筑的屋顶、台基、开间数、斗拱等构件的型制都被赋予了礼制层面的含义；同时，纹饰和色彩也被赋予了超越图案花纹本身的意义，不同的纹饰与色彩代表着不同的等级、地位和身份。

3. 经济形态

建筑为人类生产与生活提供了重要的基础条件，人类的生产活动大多是在建筑内或者由建筑围合的空间中进行的。不同的经济形态与生产方式决定了人们的生产活动、居住方式与建筑原型。除了基本生活所需的起居、饮食等日常使用的功能空间，不同的经济形态还会影响民居中使用功能的侧重点，例如农业、牧业、渔业等都会对建筑的功能与形式有特定的需求，因而会相应形成不同的建筑原型。例如，以农业为家庭经济来源的民居，晒场、仓房等具有晾晒、储藏农作物功能的空间是必需的，因此向心围合、院落式的空间组成成为相应的民居原型；以渔业为经济来源的家庭需要织网、晒网以及临时饲养或处理水产品，所以半围合庭院或者内庭院的民居原型形式最为适合；而以牧业为经济来源的家庭，跟随季节变换和牧草生长周期转移的游牧生活要求其民居必须具有易拆卸、易转移的特性，所以帐房类建筑成为最适宜的民居原型。

4. 建造技术

建造技术对地区建筑原型最根本的影响体现在建筑的结构类型上，它是构成民居形态的骨架。木构抬梁式和穿斗式结构在汉代便已成熟，是我国传统民居中使用最广泛的结构类型，在北京、江西、四川、云南、贵州、皖南以及江浙等地普遍存在。北方地区的民居空间宽敞，多用抬梁式木结构，例如北京的四合院民居。南方地区民居相对小巧，则多用穿斗式结构，例如云南的白族民居。皖南、江浙、江西一带的民居多选用上述两种结构类型结合的产物——抬梁、穿斗的混合式结构：山墙边采用穿斗式，以较密集的柱梁横向穿插结合，辅以墙体，增强抗风性能；明间为使空间更加开敞，可用大梁联系前后柱，省去多根柱子[10]。在这两种结构类型基础上发展起来的民居型制具有很高的稳定性与广泛的拓展性[11]。

2.2 陕南地区传统民居的形态及特征

陕南地区传统民居在漫长的历史发展中形成了独有的脉络和形态，在丰富的陕南地域文化中占据重要的一席之地。陕南传统民居从使用性质的角度看，大致可分为两类：一类是普通居住者自建自居的宅院，即通常意义上的民居；另一类是由历代富商或乡绅营建的宅邸和府邸。前者往往结构简单、材料低廉、装修质朴、地方特色浓厚，且数量多、分布广；后者由于投入了更多资源，汇集了更多能工巧匠，往往更加成熟，更具代表性，汇聚了民居建筑成就的精粹，是当地传统民居建筑智慧的集大成者。

陕南地区独特的自然风貌决定了其建筑风格与关中、陕北地区大不相同，其包含的多样地域文化（分别来自汉中、安康、商洛三个文化土壤不尽相同的地区）及多样的地形地貌，使得即使在陕南地区内部，也存在着诸多风格迥异、形态多样的建筑类型。例如汉中地区多有以木构为结构骨架、以砖或土坯填充墙体的土木类民居；安康地区因与湖北共系汉江，联系频繁，在建筑风格上受两湖文化影响较重，民居中常出现封火山墙、碎瓷片镶砌翘脊等做法。再如山地民居多采用石料砌墙，建筑空间结合地形布置，甚至在临江一侧出现吊楼、挑楼等建筑形制；相反到了平川城镇地区，民居建筑则适应地形和街坊的规划，在平面和空间布局上采取更加规整而灵活的手法。这些共同构成了陕南地区民居丰富多彩的特点，形成其独特的地方风格。从某种意义上说，一个地区的民居形态取决于这一地区的文化根源，但落实到具体的实施过程中，人们又总能表现出不同寻常的创造性。当我们审视陕南民居的具体建造过程，这种创造性表现为对于环境和生活的现实考量——依据地形、气候、当地材料，采取不同的组合方式和表达手法，形成特定的聚落和空间形态，以此来表达他们对自然的虔诚敬畏和对生活的美好期愿。

因特殊的地理位置以及移民迁徙带来的多元文化的影响，陕南地区民居形成了多种形态、多种风格并存的民居形态。既没有北方四合院民居的气势和深沉，也没有南方徽派民居的柔情与隽永；既不像关中民居那样严整和传统，也不像陕北窑洞那样浑厚和粗犷[12]。陕南地区传统民居风格含蓄、质朴，好似用一种平民化的语言方式，向人们诠释着朴实简单的生活态度，渗透着浓郁的生活味道。这种特质反映在传统民居的各个方面，包括平面布局、空间形态、建造技术及色彩装饰等。

2.2.1 平面布局

平面布局形式是传统民居建筑中最为稳定的部分，能够反映出建筑最基本的特性。陕南地区地形多变，有平坝，也有山地，复杂的地理特质决定了当地传统民居建筑形式的多样性。根据平面布局形式的不同，当地传统民居主要包括单体式和天井式两种类型。

1. 单体式民居

单体式是最原初、最简单的民居建筑形式。著名建筑学家刘致平先生曾总结提出中国传统建筑的最基本格局是——“一堂二内”（一明两暗）。由这个基本单体经过多次重复排列组合，形成建筑群体，多个建筑群体再形成建筑群落[13]。“一明两暗”的平面布局形式是在我国农业社会背景下，在传统礼制思想和伦理道德约束下逐步形成，并作为一种习惯模式传承下来的最基本的建筑单体型制。以农业为主的传统经济形态决定了民居中需要足够的储藏空间。为了更加适合实际的使用需要，大多数民居会在主要建筑形式的基础上，将明间两边的空间进行分隔，从而增加使用房间的数量。

实地调研测绘显示，陕南地区传统民居“一明两暗”单体式平面布局主要有三种，即“一”字型三开间、“L”型四开间和“一”字型五开间，如图2-4所示。“一”字型三开间为最基础的平面形式，经济条件一般的人家大多会选用这种最简单的布局；“L”型在基本的“一”字型三开间的基础上增加一间耳房，耳房一般可作为灶房；“一”字型五开间则是在三开间的基础上两边各增加一间耳房，可根据使用需要作为灶房或其他功能用房，一般为较富裕人家的房屋。

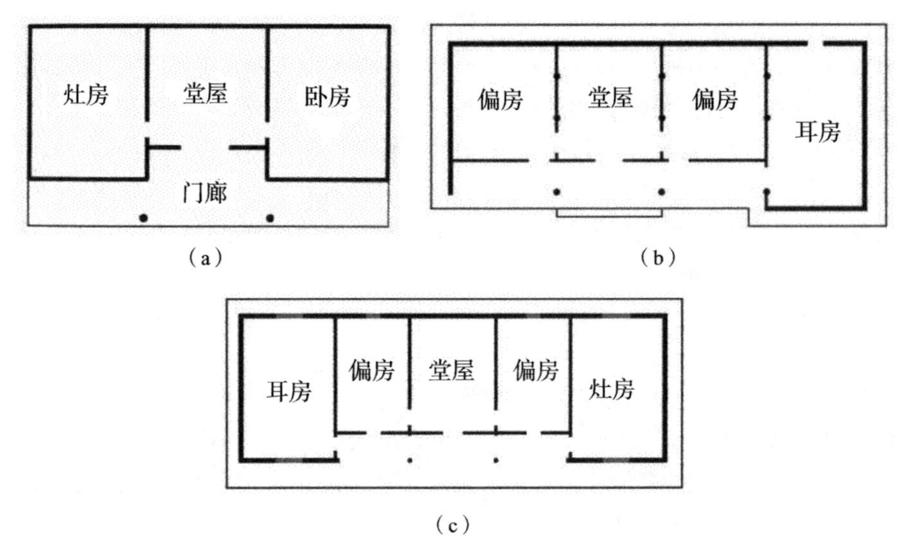

（a）　（b）

（c）

图2-4　陕南地区“一明两暗”单体式传统居民平面类型
（a）“一”字型三开间；（b）“L”型四开间；
（c）“一”字型五开间

2. 天井式民居

中国古代建筑多以建筑群体及其院落组合的方式来满足各类使用要求，我国大部分地区的传统民居中传承了此种方式。天井是由四周建筑所围合、上面有开口、半封闭自然空间的统称，是院落的重要组成部分。天井式是合院式的一种，主要为江南地区所采用，它与我国北方合院式民居的主要区别在于：北方合院式民居因为用地相对开阔，庭院宽敞，尺度较大；而南方天井民居因土地较为紧张，天井的尺度比北方庭院要小得多。天井主要起到加强日照采光、通风排水的作用。

陕南地区的传统天井式民居形式类似于南方的天井民居，并且具有明显的地域特点。其平面布局紧凑，建筑单元多为“一明两暗”基础型制或者其变体，四面环绕天井布置，方正有序，形成较为封闭的空间[14]。

陕南青木川地区的民居多为天井式民居，按照使用功能的不同，可以进一步划分为独立居住型天井民居和前店后宅型天井民居两种形式，前者多为富人或官宦大户的宅邸，后者则多为一般商户或普通人家的住所及商铺。另外，在沿江的燕子砭地区，还存在有吊脚楼形式的传统民居，多采用天井式的布局方式。

（1）独立居住型天井民居

独立居住型天井民居的平面形式如图2-5（a）所示。其空间组合方式是以

“一进”为一个结构单元。一进院落又称为基本型院落，是一种由四面或三面房子围合组成的四合院或三合院。陕南地区传统民居多为一进院落，两进或三进院落组合的形式较为少见。平面布局上，大多采用对称式布置方式，入口、正厅、天井以及上下厅堂串联布置于整个建筑的中轴线上；堂层及正厅左右两侧的偏房以及布置于天井两侧的厢房，作为居住空间；厨房、楼梯间、厕所等附属用房一般布置较为灵活，可根据各家使用需求的不同自由布置。当地有些民居受到地形的限制，也会采用天井位于一侧的布局方式，如图2-5（b）所示，但这种形式较为少见。

宁强县燕子砭镇地处嘉陵江与燕子河交汇处。由于临江地区建筑用地缺乏，为了争取更多使用面积，同时解决用地范围内的高差问题，采用了半悬空的吊脚楼建筑形式，如图2-6所示。具体做法是，将木结构竖直插在地势较低的土地里，其上搭板，以此抬高低洼处的地面，使地基达到同一水平高度，之后再在其上搭建房间，其平面布局形式与上述独立居住型天井民居类似。挑起的房间一般都作为辅助用房，例如储藏间及厕所。

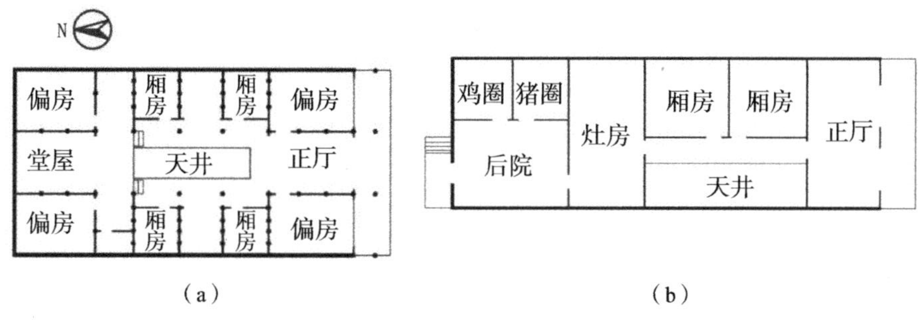

图2-5　独立居住型天井民居平面图

（a）天井位于正中；（b）天井偏向一侧

图2-6　燕子砭镇的吊脚楼

（2）前店后宅型天井民居

前店后宅型天井民居指商铺与居住用房相结合的民居形式，沿街部分用作商店铺面，内院为居住空间。这种类型民居的形成和发展与当地经济的兴衰有着密切联系。陕南青木川地处陕、甘、川三省交界地带，特殊的地理位置吸引了各地商人来此贸易，给当地带来经济效益的同时，外地先进的建造技术也被引进，为前店后宅式天井民居的修建提供了经济基础，也提高了建造技术水平。

前店后宅型天井民居的建筑形式与独立居住型天井民居布局相似，其特点在于商业空间与居住空间之间没有绝对的分界，并且根据每家所经营的商品种类或商业类型的不同，其建筑规模、空间形式也有一些差别。商业是家庭生活的主要经济来源，所以店面是此类民居的重要组成部分。由于各家店面空间以及装修的大体风格基本保持一致，整个街道就形成了具有统一特色的商业氛围。

街道两侧高密度的商铺连续排列，再加上较为封闭的建筑外部形态，使得天井空间成为前店后宅型天井民居实现采光、通风和排水的重要渠道。建筑一般沿着中轴线两侧对称布置，平面呈长方形，正房位于中轴线的尽端，明间为堂屋，两侧为偏房。堂屋层高一般较高，以体现中国上尊下卑的传统礼制。所有建筑单元以天井为中心布置，正厅及堂屋作为重要空间，位于主轴线上；偏房和厢房作为次要空间在主轴线两侧分别布置；厨房、楼梯间、厕所等辅助用房的空间等级最低，布置较为灵活，一般根据地形占用几间厢房布置，或是在后院单独设置（见图2-7）[15]。一些人家的后院还会布置猪圈、鸡圈等。

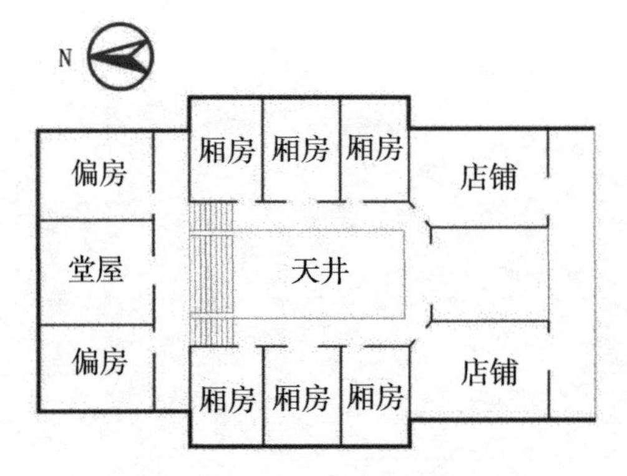

图2-7　前店后宅式天井民居的平面布局

2.2.2 空间形态

陕南地区传统民居在平面布局上兼具北方与南方的特点，在空间形态上更体现出对自然环境的顺应，以及质朴、实用的乡土特色。

单体式平面布局下的民居空间形态多表现为“一字式”及其变体，此类民居多为单层建筑，空间布局紧凑、对称且层高较高，大多北向不开窗，南向开小窗，东、西、北三面均为夯土实墙；天井式平面布局下的民居空间形态多表现为“合院式”或“半合院式”，此类民居多为二层建筑，且二层层高相对较低，房间围绕天井布置，走廊尺度较小，户门所在墙面与面向内庭院的墙面多为木装修，其余三面均为夯土实墙。陕南民居常见空间形态布局及特征见表2-1。

表2-1 陕南民居常见空间形态布局及特征

类型	常见形态布局	特征	代表
一字式		“一字式”民居通常规模小且形体简单，多以散点状分布于山区，“一明两暗”的“三开间”平面格局是其基本特征，可通过增加开间、附属房等方式衍化出多种空间样式，是陕南地区最常见的布局形态	汉中东关外磨子桥农舍，如图2-8所示；汉中西关外十马乡孔家村农舍，如图2-9所示
半合院式		“半合院式”民居通常包括正房和厢房两部分，根据厢房的数量和布局又分为曲尺型（L型）的“一正一厢”和凹字形的“一正两厢”。其平面格局有围合的趋势，但并未形成真正围合的院落，属于半开敞式的院落布局	
合院式		“合院式”民居通常包括三合院、四合院以及在此基础上衍化出的多重式合院民居。纵向以“进”为单位，从两进院到多进院不等；横向以“间”为单位，从三连间甚至到七连间布局	略阳陈宅、汉中市城固芦宅、城固东关牛宅、安康旬阳甘溪河季家坪杨宅

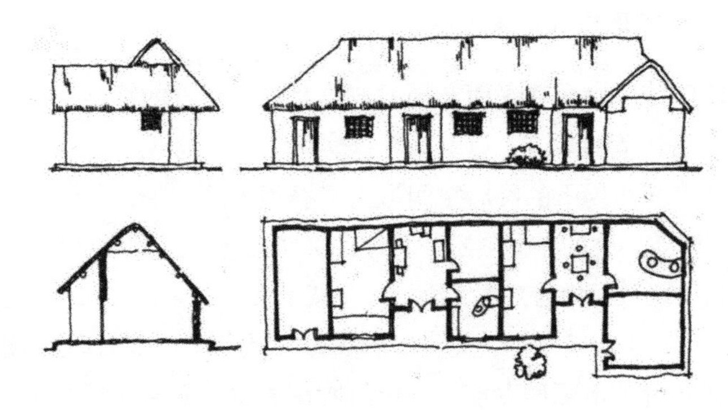

图2-8　汉中东关外磨子桥农舍

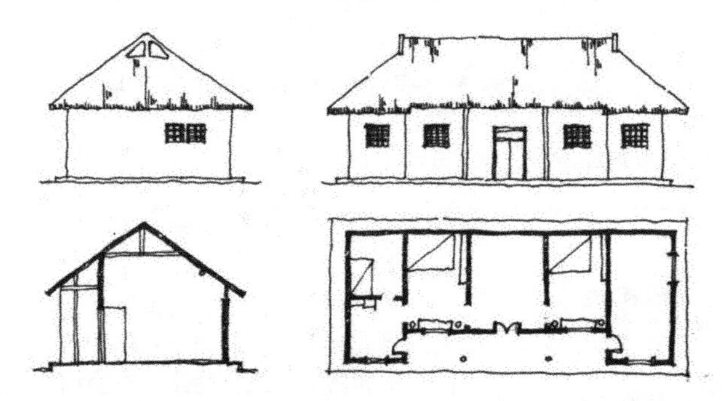

图2-9　汉中西关外十马乡孔家村农舍

陕南民居的主要空间为厅堂、偏房、厢房以及庭院，它们的形态反映着民居整体的空间特点。另外，多山的地形地貌使得民居在高差处理上具有一定的经验特点，不仅保证了室内空间的完整性，也增加了建筑外部形态的层次感。

1. 厅堂

厅堂指民居中的堂层或正厅，无论在布局还是地位上都是民居房间中最重要的。在一进院落的平面布局上一般都位于主轴线顶端的中央，是民居建筑空间序列中最核心、等级最高的房间。

在“一明两暗”单体式民居中，厅堂即为大门所在的房间，一般位于最中间，是连接室内外空间的枢纽空间，也是人们生活起居和祭祀的空间，没有单独设置灶房的人家会在厅堂内设置火塘，用于生火做饭以及熏制腊肉，或用于供奉祖宗牌位或神龛。其长宽比约为1∶1，层高较高，约为3.5～4 m，南向开门窗，北向一般不开窗，少数屋顶开天窗或设“亮瓦”，室内光线较为昏暗，如图2-10（a）所示。

在天井式民居建筑中，厅堂是建筑的中心，也是家庭祭祀与活动的主要空间。一般厅堂内北面的正中央会供奉祖宗牌位，大户人家还会在厅堂中布置桌椅用于议事。在供奉的牌位正下方布置一桌两椅，作为家庭中最尊者或最长者的位置，其他成员则按家庭地位等级排序，分坐于两侧，如图2-10（b）和图2-10（c）所示。

天井式民居的厅堂正对着天井，靠庭院一侧为其入口，整面墙采用木装修，装有可拆卸或可折叠的隔扇门。因为厅堂所居的最高地位以及地形的限制，当地一些民居厅堂的地坪会高于其他房间，并通过台阶与天井的地面衔接。讲究一些的人家还会在其前部设柱廊，形成半封闭的檐下灰空间。这样使得厅堂、柱廊和庭院共同形成一个相互渗透、相互衬托、虚实结合的整体，不仅使空间更丰富，也强调了厅堂的地位与重要性，如图2-10（d）所示。后墙一般采用夯土砌筑，不开窗，封闭而厚重；与左右两侧厢房之间的隔墙采用木装修，梁架搭接结构直接外露。厅堂空间的长宽比约为1：1或2：1，层高较高，可达到3.5 m以上。

（a）

（b）

（c）

（d）

图2-10　厅堂

（a）“一明两暗”民居的厅堂；（b）家族议事厅堂；

（c）祭祀空间；（d）天井式民居的内廊

2. 偏房与厢房

“一明两暗”单体式传统民居的卧室均位于厅堂两侧，需要从厅堂进入各个房间，四开间或五开间民居则可根据需要在耳房、灶房等处单独开设入口。大多也仅在南向开窗，室内光线较暗，使用功能根据需求而定。人们一般会在屋内上方裸露的梁架上直接放置杂物，也有人家会先将木板、木条或竹条置于梁架上形成阁楼，再在其上放置杂物。房间的尺度无具体限制，根据各家所处位置及地形而定（见图2-11）。

图2-11 “一明两暗”民居外观

独立居住型天井民居的房间围绕天井布置，一层除厅堂外，还有其两侧的偏房以及东西两侧的厢房，且面向天井一侧均为木装修，每个房间单独设门。天井的尽头为正房，为单层或二层建筑，包括厅堂与两侧的偏房。房间是按照家庭成员的辈分来分配的。根据传统礼制，厅堂的东侧为上大房，是祖父母居住的房间；西侧为上二房，是父母居住的房间。正房一般位于台阶之上，这一方面是顺应地形的做法，另一方面是为了突显民居中最高等级的房间——正房的核心位置。正房上方如果有二层，一般作为储藏空间，不作居住使用。厢房一般作为子女的住房，多为三开间，明间大多为双开门，其余各间为单开门，空间尺度均不大，长宽比一般为1：1或3：2。厢房的二层为储藏空间或住房，采用木质楼板并且层高较低，各个房间由面向天井的内廊相连，内侧为木装修，外侧开小窗或不开窗（见图2-12）。一般家庭为了争取更多的使用空间，会将转角处的夹角空间也封闭起来，这样每一个转角处就可以多得到一个房间，整个民居就会多出来四个可利用的空间，形式如图2-13所示。

当地一些民居的二层房间会向外出挑形成骑楼或者廊道，出挑的尺度大约为800～1 000 mm（见图2-14）。这样既可以在有限的空间中，尽可能争取更多的二层房间使用面积，也起到与屋檐类似的作用：不仅可以形成遮阳避雨的室外活动空间，而且可以避免雨水对墙体的直接冲刷，以适应当地多雨的气候。

（a）

（b）

图2-12　青木川天井式民居的厢房

（a）上层储物下层住人的厢房形式；（b）两层均可居住的厢房形式

图2-13　转角空间的利用

（a）　　（b）　　（c）

图2-14　二层出挑做法示例

（a）二层出挑形成骑楼；（b）仅两侧偏房出挑；（c）二层整体出挑形成廊道

前店后宅型天井民居沿街商铺的立面有两层，底层沿街立面一般为六扇或八扇活动木板门；上层为仓库，一般用木板封闭，不设窗，如图2-15所示。其他住房及尺度与独立居住型天井民居类似。

（a）　　（b）

图2-15　前店后宅型天井民居

（a）青木川古镇街道；（b）前店后宅型天井民居木装修正立面

3. 庭院

单体式民居没有专门围合起来的庭院，人们利用自家房前屋后的空地、道路来进行晾晒及其他日常家务及农业活动。天井式民居中，房屋是围绕天井庭院来布置的，庭院是空间布局的中心。由于当地民居除沿街面外的其他三面均为夯土墙且大多不开窗或开小窗，所以房间的光线均需由天井获得。天井的主要功能是满足建筑内部的采光、通风和排水，一些人家还会在天井中放置收集雨水的缸盆和观赏植物。除了必要的物理功能，天井还寄托着人们的精神向往，象征着人与上天沟通的通道。天井的尺度和比例取决于建筑的规模和形制。一般天井的长宽比为2：1或3：2。但是，在陕南地区，由于地形的限制，民居中天井的长宽比并没有太多的约束。现有民居中，天井的长宽比有1：1、2：1，甚至有非常狭长，达到3：1的。天井尺度更多地取决于基地大小及具体地形等因素。四周房屋的屋顶坡度向内，使天井几乎担负了所有的排水功能。为了避免积水流入室内，天井池具有一定的深度，一般约为150～300 mm。院子较大的人家，其天井池的深度也会随着庭院面积的增大而加深（见图2-16）。

（a）

（b）

图2-16　传统民居的天井空间

（a）青木川民居天井空间；（b）前店后宅式民居天井空间

4. 辅助用房

厨房、厕所等辅助用房一般不设在建筑主体内，而是在旁边单独设置。为了节省材料，辅助用房屋顶多为单坡，空间形式为简单的矩形，四面均为土墙且很少开窗。

2.2.3　高差处理

陕南地处山区，很多民居依山就势而建。随着地势的变化，建筑空间出现起伏错落的形态。高差的处理方式与民居空间形态的形成有着密不可分的关系，它决定了建筑地基以及各使用空间的高度。当地民居对高差的处理主要有以下三种方式：在建筑外整平高差、在建筑内整平高差、在天井中整平高差。

1. 在建筑外整平高差

对于较为陡峭的山地地形，民居多采用填平高差、抬高基础等方法先整平场地，之后再在平坦的基地上建造房屋。这种处理方法使得房屋室内地面平整，便于使用，多见于各类单体民居中（见图2-17）。

（a）　　　　　　　　　　　　　　　　（b）

图2-17　在建筑外整平高差

（a）建筑外整平高差剖面示意图；（b）建筑外整平高差实例外观

2. 在建筑内整平高差

由于地形的局限，有些居民基地周围没有足够的空间供其填平高差，不得不选择建筑内部设置台阶，以形成完整连续的内部空间（见图2-18）。

（a）　　　　　　　　　　　　　　　　（b）

图2-18　在建筑内整平高差

（a）建筑内整平高差剖面示意图；（b）青木川民居室内设台阶实例

3. 在天井中整平高差

天井是天井式民居的中心所在，是建筑内部与自然环境直接相连的开敞空间，在天井中整平高差的方法通常是在正房前设置台阶。这样做有三个优点：一是保证了建筑室内空间的完整平坦；二是将正房地基抬高，可以凸显其地位等级；三是丰富了建筑的立面及空间层次，在垂直方向增加了建筑空间形态的趣味性（见图2-19）。

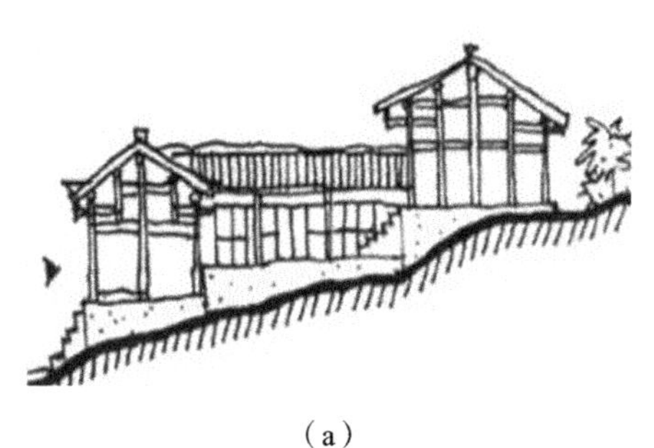
（a）

（b）

图2-19　在天井中整平高差
（a）天井中整平高差剖面示意图；（b）青木川天井式民居正房前设台阶实例

2.2.4　建造技术

1．土木结构

陕南地区山地较多，传统民居多为土木结构，以木结构作为框架，用夯土或土坯砖来砌筑围护结构。处于山地的民居常采用穿斗式木构架，平坝民居木结构则以抬梁式木构架为主。又因陕南处于三省交界的地理位置，贸易的往来使南北建造技术在此交流融合，使得传统民居中出现了穿斗式和抬梁式混合的木结构。这种结构以穿斗式木构架为主体，柱子直接承檩，中间用穿枋联系起来，从而保证立柱的稳定性，如图2-20所示。

（a）

（b）

图2-20　陕南地区传统民居的木构架
（a）木构架做法外观；（b）室内直接裸露的木构架

厅堂等大空间的营造采用抬梁式，山墙部分则采用穿斗式且大多选择隔两柱落地的形式，这样的结构更为灵活并且节省材料，也更有利于抗震。山墙面底层以夯土墙加强围护，上部的穿斗式木构架直接暴露在外，立柱之间用竹编夹泥墙或木板连接[14]，建筑整体上轻下重，结构稳固且更加适应当地多样的地形条件。屋顶一般为悬山式，挑檐深远，屋檐出挑可达1 000 mm以上。若为两层的民居，则会做出挑的骑楼，以适应多雨的气候，创造半室外活动空间，同时减少雨水对墙体的冲刷。可以说由于地理位置和社会文化的共同影响，陕南地区的传统民居建筑融汇了南北方民居的风格。

值得特别说明的是当地民居屋架转角处的处理。作为衔接的部分，屋架结构在这里发生转变，所以转角做法对房屋的稳定性影响很大。陕南地区屋架转角的做法与一般传统做法有一些区别，当地利用中柱进行榫接，将一根侧梁直接伸到夯土山墙上，然后在这根侧梁上立短柱来支撑转角处的脊檩，再用落地柱进行加强，经过这样的处理，整个建筑就自然地形成直角转过去了，这种转角的做法在结构上几乎没有多余的构件，非常简洁并且过渡自然，但是整个屋架的受力却很均匀，有利于抗震[16]，如图2-21所示。

（a）

（b）

图2-21　陕南传统民居转角处的处理

（a）天井民居转角做法；（b）青木川魏家老宅建筑转角做法

2. *石砌技术*

我国传统民居建筑以木结构为主，但木材接触雨水后容易腐朽，所以在民居的基础和柱础部分多采用石材砌筑，这样可以对木材起到保护作用，减少雨水的侵蚀。另外，台基不仅在结构上具有一定的承重作用，而且在外观上具有一定的美学意义，较厚重的石砌基础可以与较高的坡屋顶相协调，使上下平衡，避免建筑产生头重脚轻的感觉。

由于陕南地区多山且潮湿多雨，无论山地还是平坝地区，当地传统民居的基础均采用当地易获得的石块砌筑，以起到防潮的作用。铺设基础或墙身下部的石料一般选用卵石或质地较硬的条石，一层层铺就，尽量使其美观平整（见图2-22）。在转角的位置常使用较为方正的大石块来着重加强，以使房屋的基础更加牢固稳定。

在陕南青木川，传统天井式民居内天井池的底部以及周围房间的台基均使用青石板砌筑而成（见图2-23）。普通民居仅用一层青石板作为台基，高约150～200 mm，排水口一般位于院落的一角。讲究一点的民居，天井院子的台基设有滴水檐和明显的线脚，样式近似于须弥座，并刻有装饰花纹[17]。

当地对石材的应用还体现在柱础上，传统民居建筑均采用石柱础（见图2-24）。柱础的主要功能是防潮，因天井式民居均采用内排水，所以对柱子及柱础的防潮防水处理十分重要。柱础的高度通常为300～400 mm。另外，石柱础还起到装饰作用，其形状因位置、建筑规模和等级高低的不同而有所区别，地位较高或者讲究一些的家庭会采用刻有纹饰图案的柱础，一般家庭则采用不加装饰的方形或圆形柱础[19]。

图2-22　卵石基础

图2-23　天井池与石砌台基

图2-24　普通民居柱础

3．生土技术

生土建筑指用未焙烧而仅作简单加工的原状土为材料营造主体结构的建筑，生土营建技术是我国中西部地区最常见的传统建筑营建技术，具有保温、隔热、经济、环保等优点。在陕南地区冬季相对寒冷的气候条件下，生土墙优良的保温隔热性能具有明显的优势，可以减少室外冷空气对室内温度的影响。加之陕南地处山区，拥有丰富的土地资源，且经济相对落后，所以当地传统民居大多选用低成本且易获得的生土材料作为墙体，配合木构架作为承重结构，形成最经济、最实用的民居形式。使用后的生土、木材和石材还具有环保节约的特点，可以更新再利用，或重新回到自然界的循环系统之中。

当地部分传统民居的墙体使用预先制作好的土坯建造，称为“土坯墙”（见图2-25）。为了保证砌筑墙体的强度和速度，大多采用“一丁三平”的丁平交替方法砌筑。制作土坯的主要原料为黏土，在其中加入适量的沙石和草茎，具有易施工、低成本的优点。另一种生土材料墙称为“夯土墙”，其做法是用木板作为边框，在框内填土并用木槌打实，然后将木板竖直向上移动，再填土夯实……如此反复操作直至达到墙体所需的高度为止。一般每块板尺寸为360 mm×2 000 mm。土要分多次倒入墙板中。因陕南出产竹子，在砌筑过程中还有一个独特的做法，就是在夯土墙里加上竹条，也称“竹筋”，以增强墙体的整体性和刚度[19]。夯土墙因施工技术的要求相对较高，成本也会比土坯墙高一些。

除了土坯墙、夯土墙外，竹编夹泥墙是当地最具特色、使用最广泛的墙体材料（见图2-26）。竹编夹泥墙具有重量轻、建造速度快、通风性能好等特点。夏季时有利于通风防潮，冬季时材料吸收辐射热，又可以起到调节室内温度的作用。因其空隙率高，吸湿性较强，有利于通风除湿，故又被称为“会呼吸的墙”。其做法是在建筑的主体结构（如木柱、木坊）之间编好竹篾的壁体，竹篾卡在上下两端的木坊上，然后在壁体内外抹泥，泥里面可以适当掺和碎秸秆或谷壳，待泥稍干后即抹石灰，整个墙体厚约一寸多。

调查发现，陕南地区很多传统民居墙体采用了分段式的处理方法，下部采用厚实稳固的生土墙作为围护结构，上部则采用重量较轻的竹编夹泥墙，这样的分段式处理使得墙体兼具冬季保温与夏季通风的效果，也满足了因地制宜、节省材料与节约成本的需要（见图2-27）。

图2-25　土坯墙

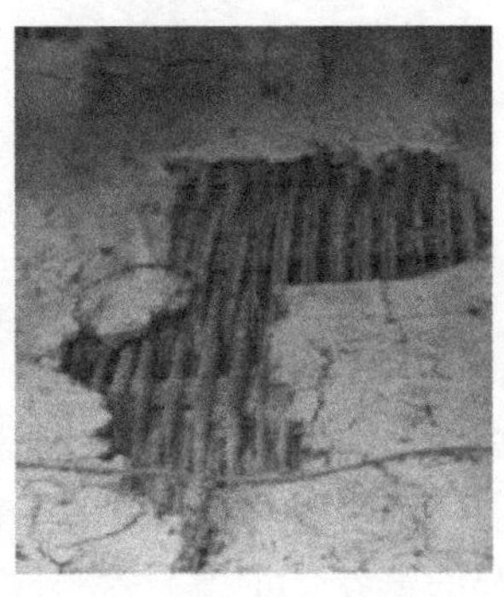

图2-26　竹编夹泥墙

图2-27　分段式墙体

4. 铺瓦技术

由于经济水平的限制，陕南地区传统民居的屋面处理大多以实用为主，工艺十分简单，多选用施工方便且经济的冷摊瓦做法（见图2-28）。冷摊瓦屋面是平瓦屋面中最简单的一种做法，每片瓦长约200 mm，宽约150 mm，厚约10 mm，做法是在檩条上顺水流方向固定椽条，然后再在椽条上垂直于水流方向钉挂瓦条并直接挂瓦，瓦片一正一反铺设（见图2-29）。冷摊瓦屋顶具有很好的透气性，外界空气可以通过瓦片间的细小缝隙进入室内，不断地循环着空气，而室内的人却感觉不到风，这在门窗紧闭的冬季效果十分显著。而在气候潮湿闷热的夏季，室内的湿气又可以通过瓦片间的缝隙排出，为室内通风降温，同时解决潮湿的问题。

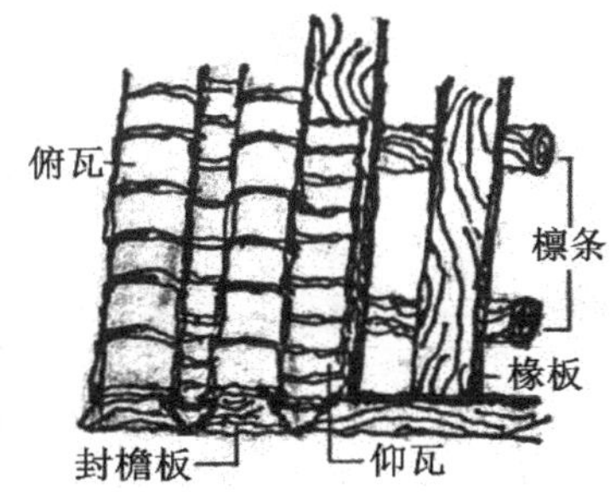

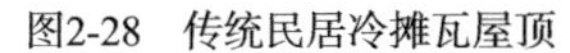

图2-28　传统民居冷摊瓦屋顶

图2-29　冷摊瓦屋面构造示意图

2.2.5　色彩装饰

陕南地区无论是“一明两暗”式的单体民居还是院落式的天井民居，都没有过多的华丽装饰，简单质朴，很少施彩，多保留材料的本色。传统民居中的色彩和装饰元素主要体现在直接裸露的木构架以及一些木雕、石雕等装饰性构件上。

1. 墙面与屋面

陕南地区传统民居的墙体主要为夯土墙、土坯墙和竹编夹泥墙，大多在墙体表面用黄土抹平，维持生土建筑本身的质感与色调；也有部分民居在墙体外涂以白色的石灰粉，既美观又加强了防潮效果。墙体朴实的色调与直接裸露在外的木质结构共同组成了当地传统民居整体低调、柔和的风格，充满浓厚的乡土气息（见图2-30）。

（a）

（b）

图2-30　墙体

（a）抹有白石灰粉的土坯墙体；（b）原木构架与土墙结合的民居

屋顶装饰与四川民居较为相似，大多数民居的屋脊都非常简单，没有任何装饰，有些则用小青瓦在屋脊中央和端头叠放，形成简单朴素的装饰效果（见图2-31）。出檐深远，挑檐除了结构体系以外的装饰也较少，讲究的民居会在檐下做垂花柱用于装饰。小青瓦经过长时间雨水的冲刷，使屋面呈现一种深沉、古朴的青黑色。

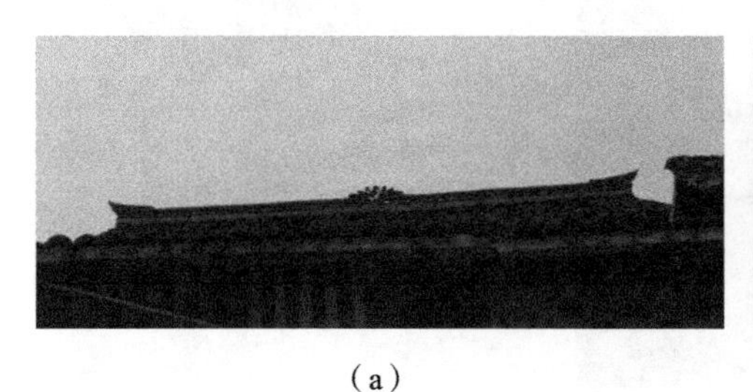

（a）

（b）

图2-31　屋顶

（a）较为讲究的屋脊处理方式；（b）普通屋脊处理方式

2. 梁架与天花

陕南地区传统民居的梁架没有过多装饰，也没有雕刻或者彩绘，其装饰元素主要为木刻的金瓜、金瓜柱以及檐柱的同登，仅在这些小构件上雕刻图案花纹用来点缀装饰（见图2-32）。原木结构直接暴露在空气中，色彩较为简单，一般为原木色或者黑色（见图2-33）。屋顶内部的处理在当地传统民居建筑中也很简单，一般不设天花，木质梁架直接暴露在外。朴素淡雅的装饰手法反映出当地人民质朴、随和的审美观。

（a）

（b）

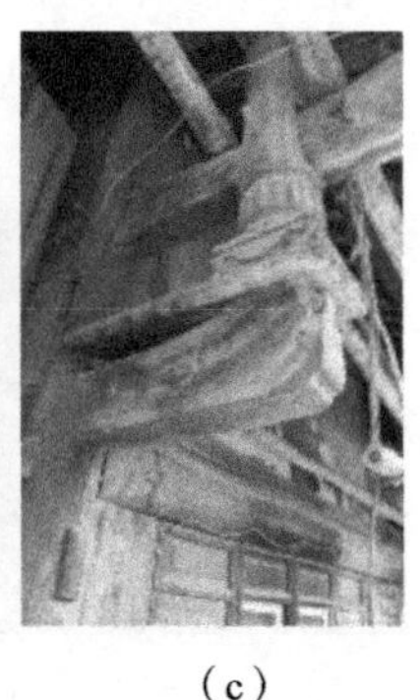

（c）

图2-32　梁架

（a）木刻金瓜柱；（b）木刻同登；（c）木刻金瓜型同登

（a）

（b）

图2-33　原木结构

（a）原木色梁架；（b）黑色木结构

3. 门窗格扇

“一明两暗”式传统民居大多四面均为生土墙，木质门窗形式简单，以实用为主；正面木门窗的处理较为灵活，常采用一些简单的雕刻作为装饰。

天井式民居北、西、东三面房间的外墙多为实墙，正立面以及靠天井的墙面采用木门窗。木材相比生土墙更适合做装饰，且易出效果，所以民居沿街的门面入口以及内部朝向天井的一侧就成为住宅的重点装饰部位。明间一般多用隔扇，采用规整的矩形，一般置四扇，面阔较宽的则置六扇，如图2-34所示。暗间一般与槛窗结合置两扇，样式既有格扇也有简易门板，有矩形的也有稍加雕刻的弧形，如图2-35所示。格扇上部嵌有雕刻着各种花纹图案的格心，图案多以动物、花卉和传说人物题材为主，既满足了采光需要，也增添了装饰效果，如图2-36所示。门窗的色彩大多为木材本色，有浅有深，与梁架木结构融为一体，低调朴实。

（a）

（b）

（c）

图2-34　明间隔扇

（a）厢房一层隔扇；（b）厢房二层隔扇；（c）厅堂隔扇

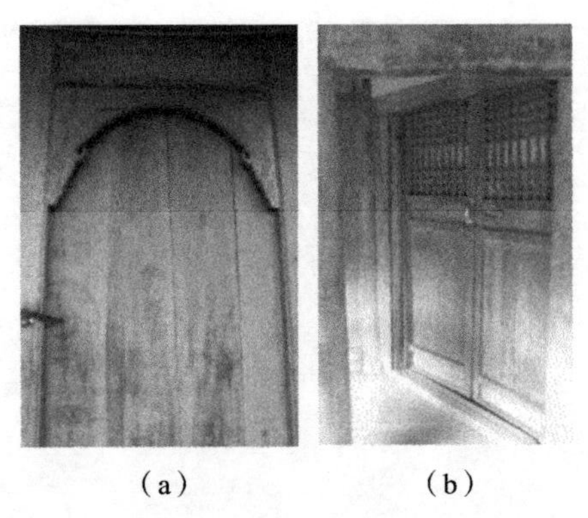

（a）　　（b）

图2-35　暗间隔扇

（a）弧形雕刻门框；（b）普通双开隔扇

（a）　　（b）　　（c）

图2-36　槛窗及格扇图案

（a）木刻槛窗；（b）木刻隔扇门；（c）雕有花卉的格心

店铺作为前店后宅式民居的重要组成部分，其沿街的门面也是装饰的重点。一层商铺门面除了木构架以外，其余均由宽400～600 mm的可拆卸木板组装而成。为了尽可能减少木构架在室外受到日晒、雨淋、虫蛀等的侵蚀，人们在木构架和门板涂上黑色土漆，经过岁月的洗礼，呈现出深沉稳重的色调，表达出一种历史的沉淀与沧桑感。

4. 石刻柱础

木制的柱身用材较大，一般不加任何装饰雕刻，但石质的柱础部分则多以石刻作为装饰。柱础的样式按照截面的形状分为圆形、方形和多边形等。一般家庭的柱础仅为一层方形石块，并且没有装饰；讲究一些或者身份等级较高的家庭则采用形式多样的石刻柱础，如图2-37所示。柱础的形状根据所处的位置、民居规模的大小和等级的不同而有所不同。一般来说，厅堂前檐柱的柱础装饰最为考究，样式最为复杂，其上的石刻一般有植物、昆虫、动物等题材，不施彩绘以保留石材本身的质感；室内的柱础大多为圆形的石头，装饰很少或是没有装饰，主要起防潮的作用。

（a）

（b）

图2-37　柱础

（a）石狮柱础；（b）普通方形石柱础

2.2.6　陕南地区传统民居的有益经验

1. 对自然气候环境的应对经验

（1）出挑深远的屋檐与骑楼

陕南地区常年多雨，为了加快雨水的排放，传统民居的屋顶形式均为27°～30°的坡屋顶。出挑的屋檐与骑楼是当地民居外观形态的主要特点，屋檐出挑深远，除了结构和美观的功能外，还具有檐下晾晒悬挂等用途，如图2-38所示。当地的骑楼有两种形式：一种为房间的整体延伸出挑，这样做是为了争取更大的居住面积；另一种是走廊式的挑出，以栏杆作为围护结构，相当于二层凸出的阳台，其出挑宽度由建筑规模、用地面积决定，一般可达到800～1 000 mm甚至更多。挑檐和骑楼为一层营造了层次丰富的檐下空间，既形成了遮阳避雨的生活场所，方便人们在雨天正常行走、交流和生产，也使建筑的形体样式增添了虚实变化的构成元素。

（a）

（b）

图2-38　出挑深远的屋檐与骑楼
（a）出挑的屋檐；（b）出挑的骑楼

（2）土石结合的围护结构

如前所述，特殊的地理位置使陕南传统民居兼具南北方民居的特点。由于潮湿多雨的自然条件，以及丰富的木材、石材、黄土、竹子等自然资源，当地的传统民居形成了以石材砌筑基础，木结构作为承重结构，土筑墙作为围护结构，质朴自然并且具有地区特色的建筑形式，十分适宜于当地的气候与环境条件，如图2-39所示。

图2-39　土石结合的墙体

（3）功能多样的天井空间

天井不仅是天井式民居的核心空间，还兼具多样的功能。首先，陕南的气候潮湿且多雨，天井的开口相对较小，相当于一个拔风井，可以起到加强通风的作用；其次，房间外墙大多为三面实墙不开窗或开小窗，因此需要通过天井来获得阳光；另外，天井负担着排水功能，四周房屋的屋顶均坡向天井，雨水顺着屋顶流入天井，汇集后统一排出。除了通风、采光、排水的功能外，天井还具有一定的寓意。我国有“四水归堂”的传统说法，水象征着财富，聚水意为聚财。天井作为民居内部唯一与室外相连的开敞空间，象征着人与自然交流的通道，表达了人们对自然的尊敬，顺应了天人合一的自然观，如图2-40所示。

（a）　　　　　　　　（b）

图2-40　青木川古镇民居天井空间

（a）人与自然交流的通道；（b）天井池中的植物盆栽

（4）防水防潮的石砌台基与铺道

顺应陕南地区潮湿多雨的自然气候，以及盛产石材的资源特征，形成了当地民居中选用石板作为底层台基的做法。无论是“一明两暗”式还是天井式民居都是如此。石砌台阶既起到了抬高基础、防水防潮的作用，也体现了就地取材、经济实用的地域特色。当地古镇的街道也是以青石板铺路，例如青木川古镇。石质的铺道在多雨的气候环境下可以减少雨水对路面的侵蚀，中间高、两边低的道路断面形式可加速排水。这样既保证了路面的整洁，同时也营造出一种古朴、深沉的环境氛围，如图2-41所示。

（a）　　　　　　　　（b）

图2-41　石砌台基与石板路

（a）青木川古镇烟馆中的石砌台基；（b）青木川古镇的石板路

（5）促进通风的阁楼（山墙开口）

陕南地区民居大多在一层住人，单层的民居会利用双坡屋顶下部阁楼空间作为储藏空间。阁楼通常是在偏房梁架上搭木板、竹板建成，用梯子方便上下。为了促进阁楼空间的通风降温，通常在山墙上开设通风口，甚至阁楼部位的山墙完全敞开，仅在冬季时用木板或竹板将开口封闭，以减少暖空气的散失，如图2-42所示。

（6）顺应地形的建筑形式

陕南地区山地居多，根据具体地形情况，民居会采取多种处理高差的方法以适应地形。燕子砭镇沿江的民居采用了半悬空的吊脚楼建筑形式来适应地形高差，以争取更多的使用面积。不仅是临江建筑，在天井式建筑中也会出现正房所在地基抬高的做法，如图2-43所示。一方面是顺应地形，另一方面是突显正房的重要地位。青木川古镇的烟馆内，因为地形的限制，房间一侧的山墙直接在隆起的山石上搭建，从而形成了山体融入建筑内部的景象，如图2-44所示。

（a）　　（b）

（c）　　（d）

图2-42　阁楼

（a）阁楼储藏空间；（b）屋面及山墙的开口；（c）二层储藏空间；（d）未完全封闭的山墙开口

图2-43　抬高地基

图2-44　在山石上搭建的山墙

（7）冬季取暖的火塘空间

火塘，又叫“火坑”，也有的地方称为“火铺”，是在房内用石块或土堆砌而成的一米见方的烧火槽，用于做饭和取暖，是我国少数民族家庭中常见的用于取暖、照明、做饭、人际交往、聚会议事及祭祀神灵等活动的重要场所。陕南地区曾经是羌族的聚居地，继承了这一具有特色的生活场所。火塘一般设置在堂屋或偏房，平日里为家庭活动的重要场所，冬季同时用于取暖，未单独设置灶房的人家还用于烧水做饭和熏制腊肉等，如图2-45所示。除了生活使用功能，火塘还代表着“家”的概念，承载着人们的精神寄托。现代民居中很多火塘都被火炉所替代，但冬季“围火而坐”的传统习俗依然保留。

图2-45　功能多样的火塘空间

2．对社会人文环境的回应形式

（1）传统礼制影响下的平面布局

受儒家思想影响，陕南地区传统民居建筑在适应地形制约的同时，尽量采用中轴对称的布局方式，遵守着中国传统的伦理秩序和等级观念。建筑围绕厅堂或其所在的中轴线对称布局，重要空间单元（如堂屋、正厅、店铺等）

以天井为中心串联布置在纵向的主轴线上；而次要的空间单元（如厢房、耳房等）则布置在主轴线的两侧；辅助用房的等级最低，一般设置在主体建筑之外。建筑整体布局井然有序，堂屋的层高较高，其上面不设其他房间。无论是单体民居还是天井式民居，其开间的数量多为单数，表现了我国以中为尊的传统思想。在住房空间的分配上也体现着上尊下卑、长幼有序的传统礼制思想。

（2）经济形式影响下的使用功能

不同的经济形式会影响民居使用功能的侧重点，在很大程度上也决定了民居的空间形态。陕南地区农村家庭大多以农耕为主要经济来源，部分地区（例如青木川镇）的人家多从事贸易活动。这两种经济形式都需要大量的空间用于储藏和保存农作物以及货物，所以其传统民居都十分注重储藏空间的设置。单层民居层高较高，人们会在坡屋顶下方的梁架上直接储藏杂物，屋檐出挑的梁架上也可以堆放、悬挂物品；两层式民居的二层房间层高较低，主要作为储藏空间使用，前店后宅型民居的二层空间更是如此，如图2-46所示。

（a）

（b）

图2-46　储藏空间

（a）天井民居二楼的储藏空间；（b）阁楼式的储藏空间

（3）多元文化影响下的生活方式

三省交界的地理位置、移民带来的文化交融，使得陕南地区不仅受到传统宗法礼制的影响，也受到道教文化等多元文化的影响，崇尚自然，洒脱自在。居住空间以功能为目的，表现出自在、实用的特点。例如利用出挑的檐下空间悬挂农具、晾晒农作物、堆放杂物，如图2-47所示；在室内，人们也会在裸露的梁架上悬挂腊肉或杂物，如图2-48所示。

（a）

（b）

（c）

图2-47　室外空间的利用
（a）出挑的屋檐下悬挂农具和农作物；（b）挂满玉米及堆放柴草的檐下空间；
（c）竹条密搭于梁上，用于堆放杂物

图2-48　室内梁架上悬挂腊肉或杂物

（4）资源条件限定下的建造技术

在经济相对落后的状况下，当地民居因地制宜，就地取材，采用石板、石块、卵石作为基础，穿斗式与抬梁式相结合的木构架作为承重结构，土墙和竹编夹泥墙作为围护结构，形成了地域适宜性建造技术。选用低成本且易获得的石材、木材、生土及竹子等建造材料，并保留其原色，仅在细部构造处稍加雕刻装饰，形成了生态自然、质朴敦厚的民居风格，既符合当地现实的资源和经济条件，也形成了独特的地域传统文化。

2.3　陕南地区传统民居的建筑原型

建筑的形态受诸多要素共同作用：布局、形体、材料、肌理、色彩、光影等。这些形态要素有序地组合在一起，形成了民居呈现在我们眼中的整体形态，并与人们的生活方式、审美取向、工艺技术水平等影响因素相叠加，共同构成了民居建筑对自然环境、人文风俗的应对及回应，使各地民居形成了具有独特风格的建筑形态。这些建筑形态虽然看起来有无数种变化，但是通过归纳总结可以发现，它们都是由一种或几种固定的模式发展演变而来，这种模式即建筑的原型。原型是建筑表现形态的原始模型，赋予建筑以典型特征，下文从平面和立面两个建筑形态的主要方面，分别提炼出陕南地区传统民居的原型，进而得到其空间原型。

2.3.1 平面原型

为了提取陕南传统民居的平面原型，首先对大量的现存传统民居进行了实地调研和测绘，并且通过查阅相关文献资料提取有代表性的民居平面，然后从平面形态、比例尺度、空间要素等方面，分析其组合及转化规律。如前所述，陕南传统民居有单体式和天井式两种：单体式民居的空间布局遵循“一明两暗”的基本型制或是在其基础上左右对称，或是在转角处竖向增加房间而衍生的变体；天井式民居中所有的房间都围绕天井进行布置，但其门厅、正房、厢房的基本布局方式也遵循“一明两暗”的三开间型制，所以天井式民居其实是“一明两暗”型与天井空间相结合而产生的变体，如图2-49所示。因此可以得出陕南地区传统民居的平面原型为“一明两暗”三开间的基本型制。

可以说，“一明两暗”是中国传统建筑最基本的空间形式，也是组成各式建筑最原始的核心结构。三间房间，由隔扇隔开，“一明”即中间的一个明间，又称作“堂屋”，作为会客或举行聚会、仪式之用；“两暗”指分别位于明间左右两侧的两个房间，一般来说一间作为卧室，一间作为书房。明间是民居中最重要的空间，是建筑的核心，不仅仅因为它处于中央位置，还因为它代表着中国传统观念以中为贵，以单为尊的礼制思想。

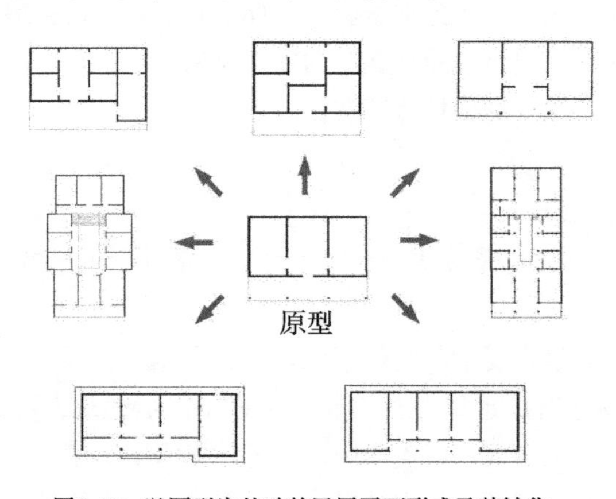

图2-49 以原型为基础的民居平面形式及其转化

2.3.2　立面原型

建筑立面的构成要素包括形状、体积、肌理、材料、色彩等，这些要素共同构成建筑的外部立面形态。前文总结陕南地区传统民居的平面原型为“一明两暗”三开间的基本型制。在建筑的外观上，则主要表现为“穿斗抬梁共构架，分段用材组外墙，挑檐深远双坡顶”[18]的基本构形，当地民居的立面形态均有此共同特点，如图2-50所示。

图2-50　“一明两暗”传统民居立面形态

1. 穿斗抬梁共构架

三省交界的特殊地理位置使陕南地区的气候及文化具有南北交汇的特点，这种特点同时也影响着民居建筑的形式；再加上历史上以农业为主的相对落后的经济水平，使陕南地区人们在建房时尽可能地节约用料与人力。以上两方面因素共同作用，形成了当地传统民居中穿斗式与抬梁式相结合的木作结构，如图2-51所示。在厅堂等大空间处采用抬梁式，山墙部分则采用穿斗式，且大多选择隔一柱落地的形式，如图2-52所示。这样的融合式结构使建造更为灵活并且在保证结构稳固的条件下最大限度地节省了材料，并缩短了建造时间。

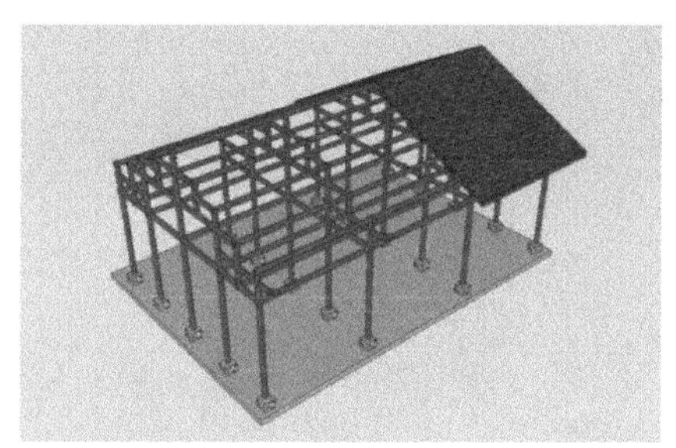

图2-51　抬梁与穿斗相结合的木结构

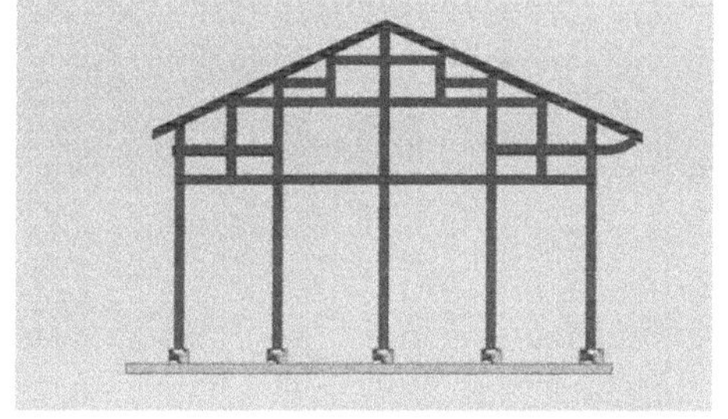

图2-52　山墙面结构做法

2. 分段用材组外墙

在中国建筑热工设计分区图中，陕南地处夏热冬冷分区，所以在夏季防热的同时，冬季保温也十分重要。多元文化的浸润使当地民居兼具北方民居与南方民居的特点。在自然与文化环境双重背景下，当地传统民居的墙体多采用分段式处理方法：基础部分用石块或卵石砌筑，防潮防水，墙身下部采用厚实稳固的土坯墙或夯土墙作为围护结构，上部则采用重量较轻、“会呼吸”的竹编夹泥墙，这样的分段式处理使得墙体兼具冬季保温与夏季通风的效果，也满足了因地制宜、节省材料与节约成本的需要。

对于门窗的型制，当地民居正立面的处理方法大致分为两种：一种与关中地区建筑风格相近，在土坯实墙面上开门窗，且门窗的尺度较小，体现在三开间民居上即为一门两窗；另一种更接近于南方地区建筑风格，整面采用木装修，一楼采用多扇可拆卸的木板门拼接，不设窗或开小窗，二楼设置骑楼或外廊，开木刻镂空槛窗。除正立面墙体做以上处理外，其余三面墙体均为实墙，且不开窗，以保证建筑良好的保温性能与私密性。

3. 挑檐深远双坡顶

陕南地区多雨的气候造就了传统民居双向坡屋顶、深远挑檐的立面形态特点。人们为了能在雨天进行正常的行走、劳作和交流等日常活动，一般会将实墙后退留出一跨，这样即可在正立面形成较大的檐下空间，正面屋檐的出挑一般可达到1 000 mm以上，背面出挑相对较短，如图2-53所示。出挑的屋檐不仅为人们提供了活动空间，还具有晾晒悬挂等用途。为了在降雨时加快排水速度，传统民居的屋顶均为双向坡屋顶，坡度约为27°～30°。大多数民居的双向坡顶为左右对称的形式，少数民居会增大正向屋檐的出挑长度，减小背向屋檐的出挑长度，使山墙面形成前后不对称的样式。

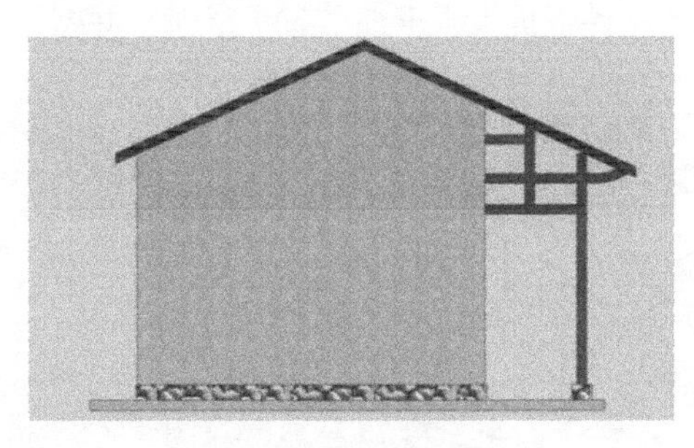

图2-53　出挑的屋檐梁架

2.3.3　空间原型

根据“一明两暗”三开间的平面原型，与“穿斗抬梁共构架，分段用材组外墙，挑檐深远双坡顶”的立面原型，可以得出陕南地区传统民居的形体空间原型。其形体比例约为2∶1∶1（长:宽:高），屋檐出挑宽度为一跨，屋顶坡度约为30°，室内屋顶与梁架之间的三角形空间与室外出挑屋檐下的空间被充分利用，作为储藏空间，如图2-54所示。

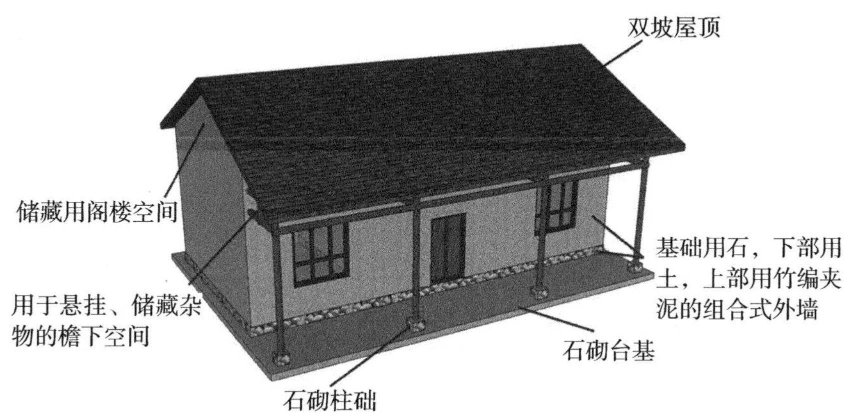

图2-55　陕南地区传统民居的形体空间原型

2.3.4　原型的可取之处

1. 穿斗抬梁相结合的木作结构

特定的自然和经济条件使得陕南地区传统民居建筑形成了穿斗式与抬梁式相结合的木作结构，厅堂等大跨度空间采用抬梁式做法，隔间、山墙部分则采用穿斗式做法。这样灵活的木构做法既可以达到节省材料与费用的目的，也保证了结构的稳固。

2. 出挑深远的双坡屋顶

陕南地区降水频率高且降水量大，原型中出挑深远的双坡屋顶既有利于雨水的快速排放，深远出挑所形成的檐下灰空间也为人们提供了下雨时正常劳作与交流的场所，体现了建筑对自然气候的良好适应。

3. 石砌基础与柱础

陕南地区多为山区，盛产石材，采用石块、石板来搭建建筑的底部基础，不仅具有就地取材、节约成本的优点，更重要的是可以起到良好的防水防潮作用。石砌柱础除了防止木柱被雨水侵蚀外，也作为建筑中石刻艺术的表现载体，为民居增添了装饰元素。

4. 灵活的储藏空间

陕南地区传统民居原型中的檐下出挑空间、阁楼空间都可作为悬挂、晾晒和储藏空间使用，具有使用灵活、随意的特点。这一方面与当地的经济形式相适应，另一方面也与当地传统文化中崇尚自然、追求自由的思想相呼应。

2.3.5 原型的不足之处

1. 生土墙体抗水性能较差

生土墙虽具有良好的保温蓄热性能，但防水性能相对较差，一般更适合用于干旱少雨、昼夜温差大的地区，在潮湿多雨的陕南地区并不是最适合的选择，需要采取额外的防护措施以防止或抵御雨水的冲刷。

2. 室内日照采光不足

南向开小窗，北向不开窗的特点使得传统民居室内光线昏暗，日照采光严重不足，可适当增大开窗洞口的尺度，或增设天窗以增加自然采光，改善室内光环境。

传统民居建筑的样式反映的不仅是对文化的传承，更是对自然气候的回应，是人们在特定环境下寻求休养生息之法的尝试和经验积累。陕南地区诸多民居形式中蕴含着丰富的民间智慧。例如多雨的气候条件让陕南人在营建房屋时多采用坡屋顶。坡屋顶配以深远的挑檐以及其所形成的檐下空间，则构成了陕南地区传统民居最典型的特征之一。传统民居原型中蕴含的气候适应性设计理念也为现代建筑带来了诸多启发。

第3章　陕南地区绿色农房的气候适应性设计策略

3.1　绿色农房的背景及概念

3.1.1　绿色农房的背景

国家统计局数据显示，截至2018年末，我国乡村人口占全国人口总数，由2010年的50.05%下降至40.42%；但由于人口基数较大，农村人口数约为5.64亿人，数量仍十分庞大[18]。同时，据《2017年城乡建设统计公报》显示，2017年全国村庄农房竣工建筑面积9.65亿m^2，年末实有农房建筑面积达246.2亿m^2[19]。

虽然农房建设数量在逐年增加，但其依旧存在着质量差、缺乏设计与技术性、耗能大、不经济等问题，由此带来的拆毁与更新，造成的资源浪费、环境污染等问题不容忽视。农房整体仍然主要通过自发推进、缓慢试错的方式来调试与环境的关系，大量建设活动缺乏科学理论引导，导致农村建筑在建造、使用和拆除的全寿命周期中，土地利用不恰当、环境不舒适、风貌不相容、能源资源浪费等问题严重。其中，技术方法不当和设计策略不适宜，是造成以上问题的重要原因之一。

3.1.2　绿色农房的概念

绿色农房是绿色建筑体系之下的一个分类，除应满足绿色建筑的基本要求之外，还应反映农村地区建筑的属性与基本特征。

2013年12月，为贯彻落实中央关于大力推进生态文明建设的总体要求，加快推进“安全实用、节能减废、经济美观、健康舒适”的绿色农房建设，推动“节能、减排、安全、便利和可循环”的绿色建材下乡，住房和城乡建设部、工业和信息化部发出《关于开展绿色农房建设的通知》（建村[2013]190号），提出“随着城镇化、农业现代化的推进，我国农房建设逐年增加，但普遍存在建筑质量差、缺乏设计、不方便和不舒适等问题，亟待解决。同时，农房实际使用年限短，翻建更新频繁，能耗大、能效低，浪费能源资源，破坏环境。推进绿色农房建设，有利于提高农房建筑质量，改善农房舒适性和安全性，强化农房节能减排；有利于延长农房使用寿命，帮助农民减支增收，提升农村宜居性，加快美丽乡村建设；有利于带动绿色建材下乡，促进区域大气污染防治、产业结构调整和经济转型升级。因此，各地要充分认识推进绿色农房建设的重要意义，加快改变农房粗放建设的局面[20]”。

其后发布的《绿色农房建设导则（试行）》（后文简称《导则》），首次明确提出“绿色农房是指安全实用、节能减废、经济美观、健康舒适的新型农村住宅[20]”。

3.2 农房气候适应性设计概述

3.2.1 气候适应性设计的概念及要素

人类与自然环境的关系在诸多层面上讲都是依赖与抗争的关系。人类文明的发展史中贯穿并伴随着对自然环境的利用与抵御史。从远古时代开始，人类就不断享受着自然的“恩惠”，同时也遭受着自然的“侵害”。房屋正是人类与自然环境协调与抗争的产物，它从诞生之初就被寄予帮助人类、提供安全庇护的美好愿景。因此，从本质上说，房屋是人类利用自然环境条件构建的用以遮挡风雨、避御寒暑的庇护所，是有一定使用空间的遮蔽体。《墨子·词过》中曾记载道：“古之民未知为宫室时，就陵阜而居，穴而处，下润湿伤民，故圣王作为宫室。为宫室之法，曰：室高，足以辟润湿；边，足以圉风寒；上，足以待雪霜雨露……”这里的“高”“边”“上”均描述了建筑的形态，而此三者均与气候相关。如此可见，建筑与自然的关系自古以来就存在着辩证的关系，而其长期关注的核心要素正是气候。

“气候适应”，也被称为“气候应答”或“气候响应”。可以说，建筑是人类为适应气候而创造出的一种“工具”。建筑气候适应性指建筑适应气候并做出应答的性能。建筑气候适应性设计的目的是为人类创造出“舒适”的空间环境。气候适应性的思想描述了人、建筑与气候三者的辩证关系。

建筑如何对气候进行调节以适应人对于舒适环境的要求，是一个值得关注的问题。要回答这个问题需要明白两个关键点，其一是气候有哪些值得关注的要素，其二是建筑通过什么机制对气候进行调节。

谈到气候，我们往往会想到刮风、气温、降雨、湿度、阳光等与天气有关的词汇。诸多建筑领域学者对此已有一定研究，他们所关注的气候要素见表3-1。

表 3-1　既有文献中的气候要素列举[21][22]

研究者	气候要素
V. Olgyay	空气温度、太阳辐射、风
B. Givoni	太阳辐射、空气温度、气压与风、空气湿度、凝结和降水
A.Rapoport	空气温度、湿度、风、降水、太阳辐射和光
M.DeKay和G.Z. Brown	空气湿度、温度、风、自然光、太阳辐射
宋晔皓	太阳辐射、空气温度、湿度、自然光、风、降水
杨柳	太阳辐射、空气温度、大气湿度、风、降水

上述学者们所关注的气候要素主要涉及太阳辐射、空气温度、温度、自然光、风、降水等方面，部分研究者也关注了凝结、烟雾等其他因素。

可以说，上述气候要素均来源于自然界的四类基本元素，即风、光、水和热。从人体感知的角度看，太阳辐射的本质是光和热，空气温度的本质也是热，降雨的本质是水，湿度的本质也是水等。

3.2.2　气候适应性设计的策略及措施

清楚了气候有哪些要素之后，还需要考虑建筑是通过什么方式调节气候的。寻找这一问题的答案，仍要回到气候适应性这一概念上来。建筑的气候适应性指建筑对气候变化的应答，为实现这种“应答”需要采取一定的策略，此即为建筑的气候适应性策略。为实现此策略所采用的技术方法，也被称为建筑气候适应性技术措施。从气候适应性的概念到设计策略，再到技术措施是一个基于气候基本要素分析的不断深化推演的过程。

策略，亦称计策、谋略，是人类为解决问题或达成目标所采取的路径、方法等，是可以实现目标的方案的集合。策略反映的是问题与结果的内在逻辑联系，它的出发点是现有的实际条件。以此逻辑来剖析气候适应性策略，即可得出：建筑气候适应性策略的目标即实现建筑对于气候变化的适应性，它的出发点是自然气候的四类基本元素——风、光、水和热，建筑对气候的调节在很大程度上是对此四类元素的调节。

为了更加清晰地说明这种调节机制是如何运作的，在此引入“作用量”的概念对其进行描述：

假设人体达到最佳舒适度所需的风、光、水、热的作用量分别为$v(a)$，$l(a)$，$w(a)$和$h(a)$，超过或低于此数值即为不舒适状态。把超过舒适状态的作用量记为正作用量（+），把低于舒适状态的作用量记为负作用量（-）。如此一来，建筑调节气候的作用机制就显而易见了：当人体所需的某一舒适度的作用量不足时，需要补充正作用量（+），即增加该作用量的量值；当人体所需的某一舒适度的作用量过多时，则需要补充负作用量（-），即减少该作用量的量值，其关系如图3-1所示[23]。

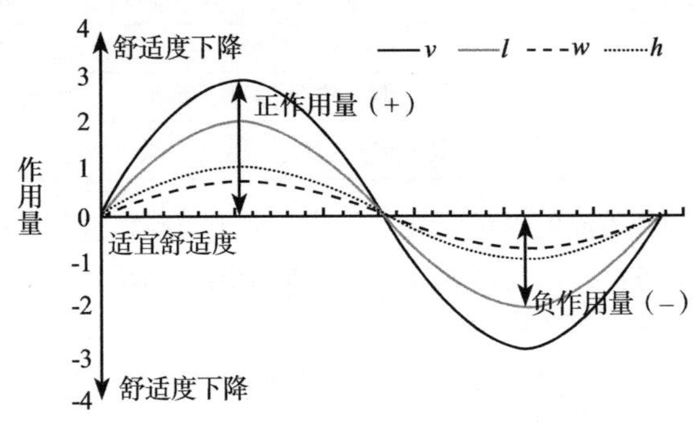

图 3-1　作用量与舒适度的关系

四类基本自然元素与五项气候要素之间，以及气候条件作用量与气候适应性设计策略之间的关联如图3-2所示。其中，气候适应性设计策略所代表的作用量方向与气候条件作用量的正负方向正好相反。以四类基本自然元素为出发点，可以对陕南地区传统农房中体现出的气候适应性设计策略进行归类分析。

基本元素	关联性	气候要素	气候条件作用量	气候适应性设计策略
风		太阳辐射 空气温度	-	增加得热
			+	减少得热
光		湿度	-	增加空气湿度
			+	减少空气湿度
水		自然光	-	增加自然采光
			+	减少自然采光
热		降水	-	蓄积雨水
			+	防雨排水
		风	-	增加通风
			+	避风挡风

图 3-2　基本元素与气候要素，气候条件作用量与气候适应性设计策略之间的关系示意图

以气候适应性设计策略为内核，可以推导提出实现这些策略的技术方法，即气候适应性设计的技术措施。依据空间层次可以将其划分为四个层面：聚落空间层面、建筑空间层面、建筑界面层面和建筑设备层面。其中聚落空间层面主要包含选址、建筑群布局、空间组织形式等；建筑空间层面包含建筑单体的朝向、形体、平面布局等；建筑界面层面主要包括建筑围护结构的相关内容，例如围护结构的材料与构造、开口大小与比例、附加遮阳构件等；设备层面指附加在建筑之外的各种设备系统或装置，例如采暖制冷设备、照明设备、辅助通风设备等。郝石盟和宋晔皓在论文《不同建筑体系下的建筑气候适应性概念辨析》中对此划分进行了具体的描述，在此直接引用其分类结论，详见表3-2。

表3-2　既有文献中对建筑气候适应性技术措施的分类[21]

研究者	一级分类	二级分类
V.Olgyay	微气候、建筑层面的气候平衡、机械采暖或制冷	选址、朝向、太阳控制、建筑形态、气流组织、围护结构阻热与蓄热
H.Fathy		建筑形态、建筑朝向、空间组织、建筑材料、建筑外表面材料肌理和颜色
B.Givoni		建筑平面布局、窗户朝向、遮阳设施、墙体朝向和颜色、自然通风
宋晔皓	聚落空间、建筑实体、建筑细部	街道和广场、庭院和建筑平面
宋晔皓	城市设计、城市建筑单体设计、细部建构设计	建筑密度、城市布局、开放空间、基础设施；造型、朝向、功能、景观；围护结构开口与遮阳、选材、室外景观构造
D.Hawkes	场地、建筑、设备	场地分析、场地规划；建筑形式、天井和院落、建筑功能、建筑肌理、天光照明、气候适应性太阳能得热、自然通风（过热和舒适）；人工光照明、供热、设备

由此可见气候适应性技术措施内容庞杂，包含从选址规划到细部构造，再到附加设备的诸多方面。气候适应性设计策略是气候适应性技术措施中依靠建筑自身而非附加设备调节气候的措施，它们是气候适应性技术措施中最基础的内容，也是需要优先考虑的部分。

传统民居在面临环境气候威胁时无法像现代建筑一样通过技术设备手段来解决问题，低下的生产力水平使得人们在建造房屋时受到气候环境的严格限制，不得不想尽办法，就地取材以适应气候。因此，传统民居的空间组织，材料选择及营建方式大多自然而然地体现出气候适应性的理念。人们在与大自然的博弈过程中，他们逐渐发展形成顺应环境、尊重自然的营建思想。

研究传统民居正是发现这些民间智慧的过程。传统民居中体现的气候适应性技术措施值得重新审视、挖掘、提炼和学习。

3.3 陕南地区传统民居的气候适应性调节策略

陕南地区传统民居中蕴含着许多气候适应性调节的智慧，包括风、光、水和热环境的调节策略。从该地区自然气候状况来看，四类调节策略的侧重点各有不同。例如，风环境调节策略中，以增加通风为主，避风较少；光环境调节策略中，以增加光照为主，避光较少；水环境调节策略中，以避水除湿为主，增湿较少；热环境调节策略中，以保温增热为主，兼顾隔热降温。

3.3.1 风环境调节策略

风是由于空气流动所引发的自然现象。风形成的本质是地表空气受太阳辐射加热而向上升腾，低温的冷空气横向流入进行填补；上升的热空气冷却再下降回到地面，从而形成一个循环，自然风因此而产生。风对建筑的影响体现在两个方面：一是对建筑结构的影响，即影响建筑的安全性；二是对建筑室内外环境的影响，即影响建筑的舒适性。前者属于结构安全领域的内容，在此不多赘述，本书主要探讨风对建筑舒适性的影响。

风对建筑室内环境舒适度的影响主要体现在室内空气温度和室内空气湿度两个方面，其主要调节方式是通风。风能够影响到温度和湿度的变化是由这两者的本质所决定的。室内温度的本质是空气中热的含量，湿度的本质是空气中水的含量，通风可以带走既有的空气，填补新的空气，从而使空间的温度和湿度发生变化。在炎热的夏季，室内温度较高时，开窗通风可以通过空气流动带走室内的热量，从而起到降低室温的作用。相反，在冬季往往要避免因自然通风将室外寒冷的空气带入室内。此外，当室内湿度过高时，开窗通风可以有效带走室内的水汽，从而降低室内空气湿度。这方面，我国南方的干栏式民居诠释得最为透彻。干栏式建筑最大的特点就是开敞，这样做的目的正是为了应对当地非常湿热的气候环境。一方面房屋底层架空，可以尽量避开地面的潮湿水汽，保证上层房间的干爽；另一方面楼板开有空隙，下层的热量通过空隙传到上层空间，通过上部的自然风将热量带走。各种开敞的通道或缝隙使得整个房屋通风效果极佳，很容易形成穿堂风将室内的湿气和热量带走，从而起到散热降温、改善室内热湿环境的作用，如图3-3所示。

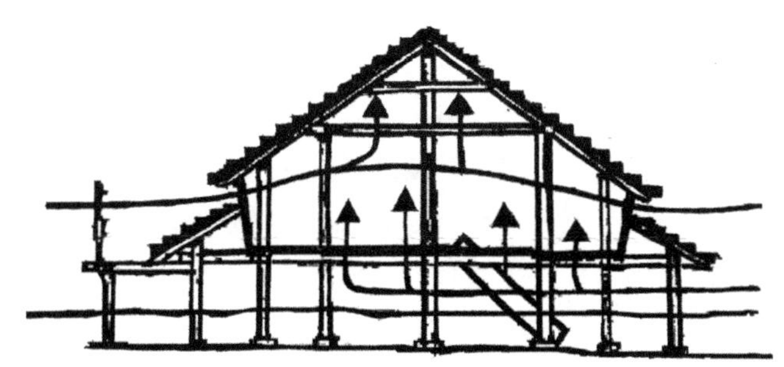

图 3-3　干栏式建筑室内通风示意图[24]

对于风影响下的建筑室内温湿度的主要调节方式是通风，包括自然通风和机械通风，其中自然通风是主要的气候适应性手段。自然通风指利用室内外空气流动，以促进室内外空气交换，其基本动力分为风压和热压两种。

风压通风通常指水平方向的自然通风。在自然状态下，当风受到建筑阻挡时，在建筑迎风面上，风速减小，一部分动态风压转换为静态风压，形成正压区。在建筑背风的一面以及侧面区域，气流产生旋绕使得这些区域形成负压区。当建筑外围护结构有合适的开口时，正压区与负压区的压力差使得空气从正压区流向负压区，从而实现风压通风，如图3-4所示。

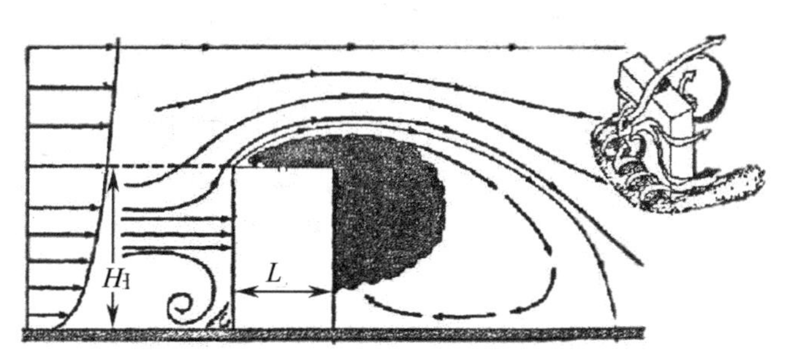

图 3-4　建筑对周围气流的影响示意图[25]

热压通风是建筑不同高度之间的自然通风，它是利用温差实现空气流动的通风方式。建筑物室内外不同高度处的温度不同导致相应位置的空气密度不同。当建筑内存在高度不同的开口时，空气密度的差异就会造成空气的流动，从而实现竖向自然通风。热压通风的效果与不同高度处进出风口的温度差及高度差有关。

陕南地区属亚热带大陆性季风气候区，由于地势复杂，季风受地形影响变化较大。商洛大部分地区盛行风向为E、ESE，年平均风速为2.4 m/s，最大风速主要出现在2月到6月，而汉中和安康地区的风向变化复杂，主要有E、SE、SW、NW等，年平均风速分别为1.0 m/s和1.2 m/s，最大风速主要出现在2月到6月[26]。由此可见，陕南地区的风资源属一般水平，无法利用风力作为能源，亦不需要采取额外的防风措施，只需要满足夏季室内自然通风即可。

陕南地区传统民居有意无意地结合了当地气候条件，利用了风压和热压的通风原理，从村落空间的整体布局到通风洞口的设置，均体现了对自然通风效果的利用和改善。

1. 村落空间布局——大小空间交错，街巷疏密布置

陕南地区传统村落布局与我国南方大多数地区传统村落类似，采取有组织的密集建造方式（见图3-5）。这种布局往往根据地形、河流等因素形成，虽然自然风未必是其主要考虑对象，但“密集且充分通透建造”的结果却切实有效地有利于通风。陕南地区传统村落的布局，往往形成一系列大大小小的空间和密集的巷道，当自然风流向村落的时候，从开敞的空间流向狭窄的巷道，就像从开敞的天井流向狭窄的廊子一样，形成“峡谷效应”：空气被压缩，风压加强，风速增大，从而有效促进水平方向自然通风。

图 3-5　安康市紫阳县河沟村卫星图

另一方面，村落周围的环境可以有效增强热压通风。村内的屋顶、石板地面以及石砌和土筑的墙体在太阳的照射下逐渐形成高温区，而村落周围的河流、农田和树林等会形成相对低温的区域，因此村内与村外形成明显的热压通风，如图3-6所示。大部分村落在这样的风压和热压共同作用下，可以达到良好的自然通风效果。

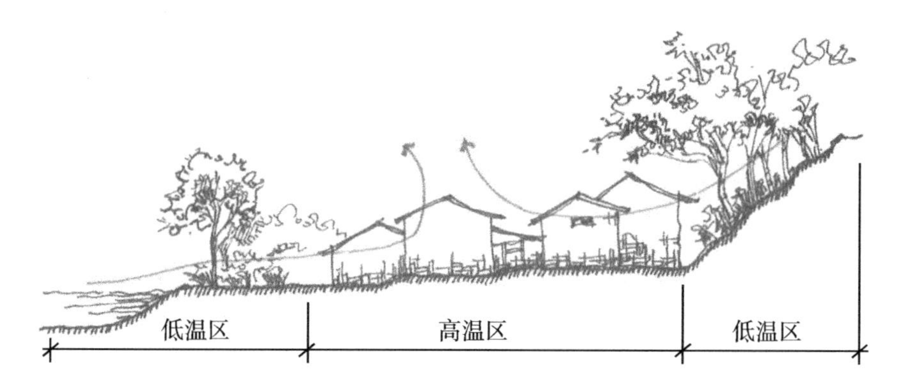

图 3-6　村落周围的河流、农田和树林有助于形成热压通风

2. 天井——改善小环境通风的有效手段

陕南地区有许多天井式农房。它们不同于北方四合院的宽敞大气，更多了几分南方民居的灵巧秀气。天井是一种营造风环境的有效手段，可以实现风压和热压两种形式的自然通风。

风压通风：根据“文丘里效应”，高速流动的流体附近压强会降低，所以自然风在通过坡屋顶时，天井顶部区域会形成低压区，而天井周边的房间在迎风面形成高压区，气流从高压区流向低压区，从而实现风压通风，如图3-7所示。

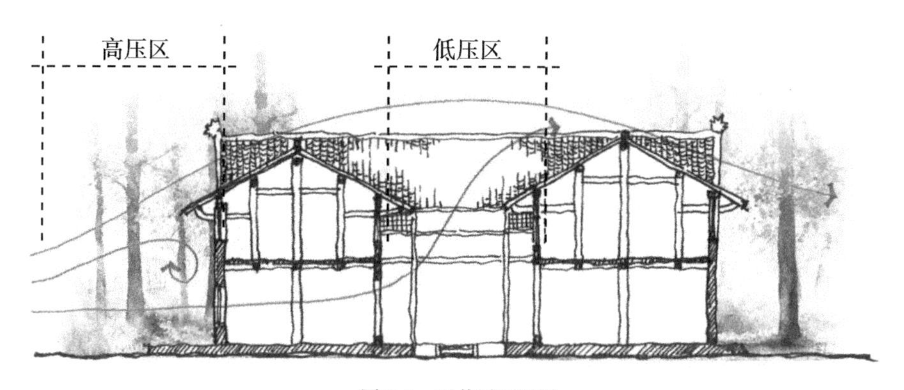

图 3-7　天井风压通风

热压通风：夏季时太阳照射屋顶，屋面附近的空气被加热，热空气上升，形成低压区；天井底部处于阴影区，空气温度较低，密度较大，随着天井上部空气上升而往上流动进行填补，从而对室内空气起到拔风作用，也被称为“烟囱效应”，如图3-8所示。

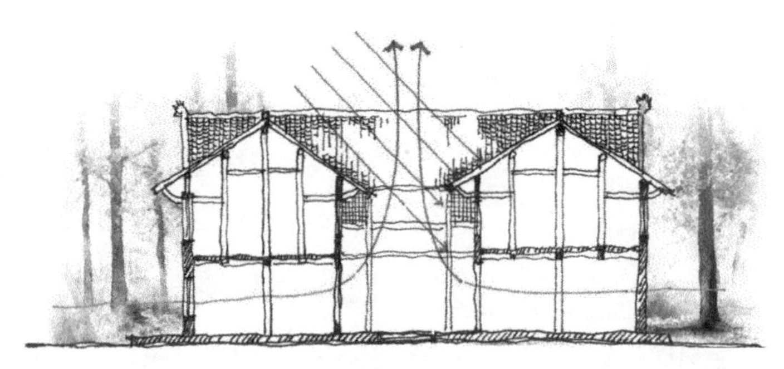

图 3-8　天井热压通风

陕南地区传统农房除了单进院外，还有很多二进、三进甚至更多进的天井宅院，因此也存在多天井配合通风的做法。以二进院双天井为例，农房往往通过廊道或开敞的过厅将前后两个天井连接起来。当风吹向农房时，迎风面形成高压区，背风面形成低压区。由于有廊道将前后两个天井相连，风就从高压区流向低压区形成穿堂风，于是前天井就成了进风口，后天井就成了排风口，风压通风由此形成。

3. 底层架空——带走室内热量，降低室内温度

我国南方多雨地区的干栏式建筑，为了适应潮湿多虫的环境，多沿袭远古时期巢居的做法，将底层架空。

陕南地区有部分吊脚楼式房屋，它们大多处于山地、河涧等非平坦地区，虽然其出发点不同于南方的干栏式建筑，但底层架空的做法同样有助于建筑的通风降温：自然风吹过架空层底部，会带走楼面的热量，加快室内散热，如图3-9所示。

图 3-9　安康紫阳县底层架空民居

4. 通风口——辅助通风的手段

房屋内设置通风口，可以在门窗洞口通风效果不足的情况下起到辅助通风的作用。陕南地区传统民居中有一种通风口的做法是在屋面或房屋山墙的顶部位置开一小洞口，当地人形象地将其称为“猫儿钻”。这种屋顶通风的做法有两种情况。

第一种是屋顶向室内露明。这种情况下室内没有“天花”阻挡，自然风可以直接穿过室内空间，从屋顶通风口排出，形成竖向穿堂风。第二种是在坡屋顶下的三角空间处做一夹层，夹层留有开口，并设爬梯供人上下通过，夹层内一般做存储之用。在许多当代新建民居中仍保留这种做法并加以扩展，称之为“平加坡”屋顶。这种情况下，通风口的作用与底层架空的形式有异曲同工之妙，即室内热量通过楼板传向夹层空间，风流过夹层空间带走内部热量，从而起到降温的作用，如图3-10所示。

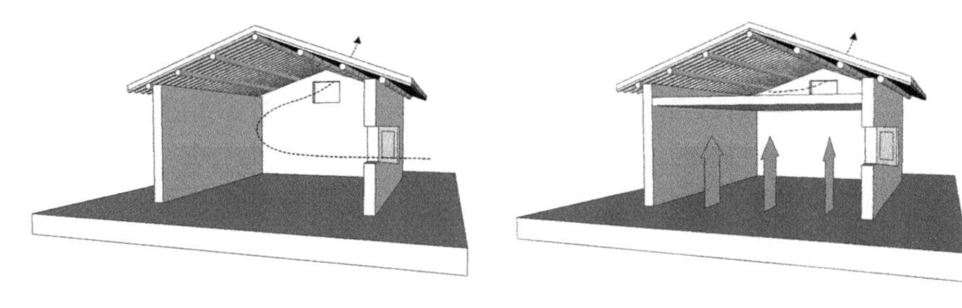

图 3-10　屋顶通风的两种形式

还有的房屋甚至将山墙顶部三角形区域完全开敞，露明梁柱，这种做法加大了通风口的面积，十分有利于夏季通风降温；冬季时可以用隔板封闭通风口，以减少室内热量散失。

5. 冷摊瓦屋面——增加室内空气流动

冷摊瓦屋面是板瓦屋面的一种特殊做法，其构造做法简单，造价低廉，多应用于我国南方湿热地区民居中。陕南地区很多农房采用的正是冷摊瓦屋面技术。与普通板瓦屋面不同，冷摊瓦屋面在铺设时不设望板、灰背等，仅包含椽子与瓦两个主要构造层，“冷摊瓦”因此而得名。其大体做法是在椽子上不铺设任何垫层，直接将底瓦铺在椽子上，再在两个底瓦的空当处铺盖瓦，如图3-11所示。由于瓦片下部没有任何垫层，因此冷摊瓦屋面做法对椽子要求较高，在施工过程中要保证椽子规格方直、不易变形；同时应椽档精确，与瓦的尺寸规格互相契合，从而尽量避免后续使用过程中发生屋面漏水等情况。

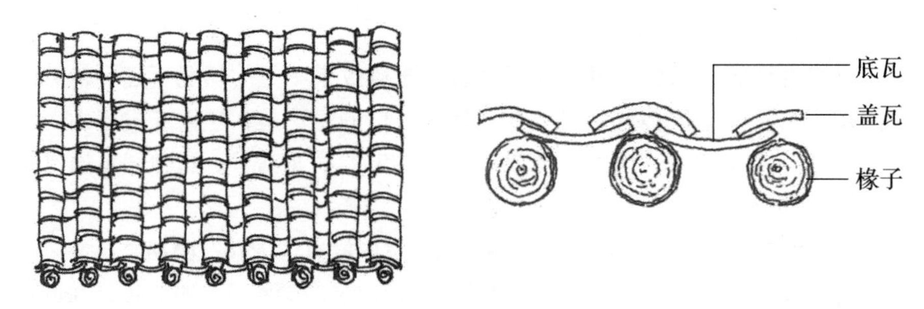

图 3-11　“冷摊瓦”屋面铺设方法示意

由于冷摊瓦做法只有两层构造，没有望板遮蔽，瓦与瓦之间也是直接搭接铺设，因此屋面通透性较好，在气候湿热地区有利于通过屋顶加快室内通风、散热、排湿，是适应气候条件的选择。但是，屋顶太过通透也使雨水容易渗透进室内，需要注意解决防水问题。

3.3.2　光环境调节策略

光在建筑学领域有两种形态：一种是自然光，主要来源于太阳，表现形式包括但不限于太阳直射光、反射光，还有阴天、雨天、雪天的天空漫散射光以及月光和星光等；另一种是人造光，其来源是灯泡、灯管等人工光源。建筑气候适应性设计所探讨的主要是自然光。

自然光对建筑的影响主要体现在两个方面，即采光和得热。通过采光系数和室内天然光照度等可以衡量和评价建筑室内光环境状况。建筑主要通过在围护结构上开口来实现自然采光，包括设置门窗洞口和专门的采光口等。有关热的部分将在后文详述。

陕南地区在我国光气候分区中被划分为Ⅳ区，属于自然光资源较少的地区。总体来看陕南地区传统民居的室内光环境是比较差的。在调研中发现，采光不足是许多传统农房存在的共同问题。导致这种问题的原因是多方面的。有些是为了达成其他目的而牺牲了采光，比如陕南地区传统农房多采用深远的挑檐，其目的是为了适应当地多雨的气候条件，但室内采光因此减少；还有些是由于技术限制所致，比如许多当地传统农房，其墙体材料主要是夯土，因此外墙窗户难以开得很大，室内采光较少；另有一些来源于传统民居平面布局的不合理性。以经典的“一明两暗”式平面为例，其堂屋进深通常很深，且无窗户，只通过正面的大门进行单侧采光，两个侧房虽然在背面开有窗户，但考虑到保温问题，往往做得很小，且常年处于关闭状态，因此也基本属于单侧采光，造成室内采光严重不足，如图3-12所示。

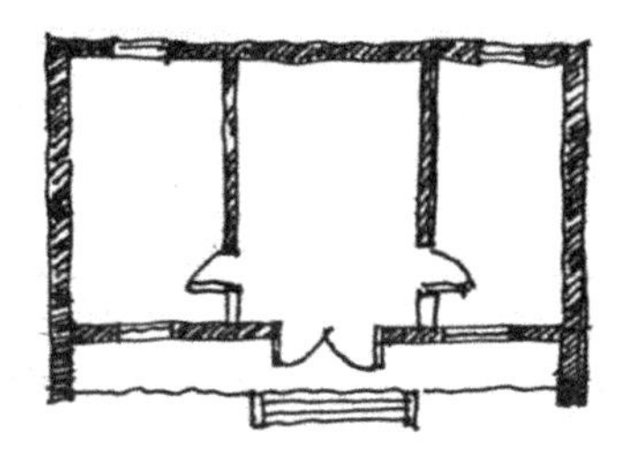
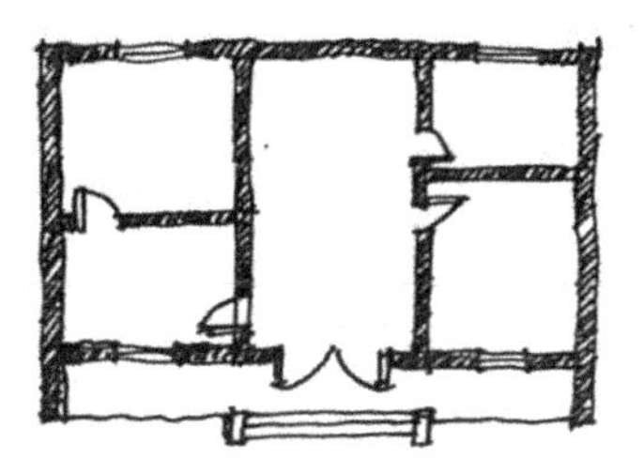

图 3-12　两种典型的“一明两暗”平面布局

面对采光不足的困境，陕南地区传统农房也尝试用不同的方法改善室内采光状况。在诸多尝试中，有的起到了比较明显的作用，有的却收效甚微，具体如下。

1. 建筑朝向——坐北朝南，向阳布置，增加直射光

坐北朝南的建筑朝向布置方法不仅是陕南地区，更是中国许多其他地区传统农房遵循的基本原则。这是因为中国处于北半球，且大部分地区处于北回归线以北，一年之中多数时间的阳光都来自于南向，建筑朝南向布置有利于阳光直接照射进室内，增加直射光的获取量。因此坐北朝南的布置是最简单易行的方法，其中蕴含着古人顺应自然的生态观，反映出传统农房建造过程中对建筑与环境关系的深刻思考。

2. 依靠门窗洞口协同作用，增加室内采光

开窗是提供室内采光最直接有效的方法。在陕南地区传统农房建筑中，窗户随着建筑结构的不同会有较大差异。在最普遍的夯土农房中，由于墙体结构比较笨重，开窗面积狭小，室内采光量较少；但是在木骨泥墙这类墙体相对更加轻便的建筑结构中，窗户可以开得稍微大一些，室内采光量也随之多一些。传统农房的窗均为木窗，在木窗框内加上不同方向的木条，形成不同的花纹，更精致一些的农房会找专门的工匠将木窗雕成镂空的图案，形成人们俗称的“花窗”。由于窗在墙体中的面积很小，采光口有限，所以采光效果并不理想，如图3-13所示。

图 3-13　窗在墙体中的面积很小

鉴于仅靠窗户难以实现足够的采光需求，陕南地区传统农房多用门来进行辅助采光。虽然门的形式各有不同，但其开启方式相对单一，即堂屋正面设置双扇平开门，且均向内开启。门之所以能够辅助采光，与当地居民的生活习惯息息相关。当地居民日常生活往往围绕在农房附近，即使外出耕种，也常常“行不闭户”，因此大门长时间处于开敞状态，相比面积狭小的窗户，开启的门能容纳更多的光照，是室内采光的另一重要途径。

3. 天井采光——解决大进深房屋单侧采光问题的有效手段

天井是解决面积狭小的合院式农房通风的有效手段，但其功能远不止于此。事实上，天井的另一个重要作用就是解决大进深房屋室内采光不足的问题。陕南地区传统农房很多存在单侧采光的情况，造成室内光环境质量不佳，特别是在许多大进深房屋中很难顾及中间部分的光照，使得建筑内部采光效果极差。如在大进深房屋加入天井，就能使其内部空间获得双侧采光，从而极大提高室内采光效果，如图3-14（a）所示。这是传统农房利用平面布局改善室内采光的有效方法。

当然，传统农房中利用天井作为内部采光措施也存在一定缺陷。例如，由于房间内部相对较暗，而白天天井顶部开口处十分明亮，当人从较暗的室内走向明亮的天井时容易感受到炫光，如图3-14（b）所示。

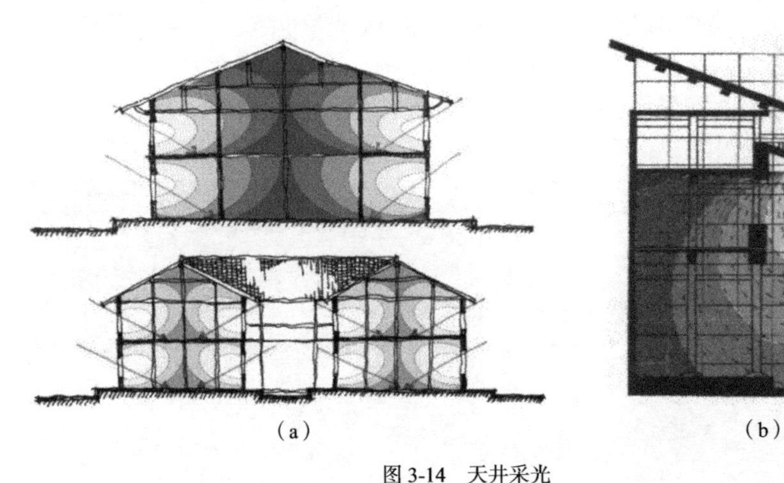

（a）　　　　　　　　　　（b）

图3-14　天井采光

（a）天井采光与普通大进深房屋采光对比图；（b）天井明度分布图[27]

4. 采光口——屋顶亮瓦等

如前文所述，陕南地区传统农房的室内光环境整体偏差，在正常开门窗的情况下室内采光仍然不够。为了改善这一情况，当地居民发明了“亮瓦”这一做法。亮瓦一般设置于堂屋屋顶上方，在屋面去掉几片普通瓦，代之以透明的瓦片，从而增加室内采光照度。亮瓦的做法通常是设置3～5列，一列3片，这符合中国传统文化中以奇数为阳的认知，如图3-15所示。除了亮瓦这种专门为解决采光不足问题而设置的采光口，也有出发点不是为了采光，但却意外起到增加采光作用的构造，比如前文所说的“猫儿钻”和山墙开洞。它们最初是为了解决室内通风问题，但是由于在屋顶和墙面开设洞口，一定程度上也起到了辅助采光的作用。

图 3-15 陕南地区传统农房中的亮瓦

从广义上讲，光对建筑的影响还体现在塑造建筑形体和营造空间氛围上。从帕特农神庙被地中海强烈炙热的阳光映射所形成的清晰而饱含深度的轮廓，到光之教堂里阳光抛洒下发散出的神圣十字，毋庸置疑，光对建筑的影响已经上升到精神层次了，即便是我国传统园林里“虚与实”的变化，也常常需要借助光来完成。建筑师常利用自然光的特性，勾勒建筑的轮廓，刻画建筑的细部和材质，表达美和情感。由此可见，光对建筑的影响既涉及生理的需求，更蕴含着精神的寄托。

3.3.3 水环境调节策略

水是人类赖以生存的基本条件，因此水源也成为聚落形成的首要条件。古人在建造村落或者城镇时，绝大多数都在靠近水源处选址。很多城镇的最初形成都与如何合理利用水有关。同时，很多村落、城镇在规划、营建之初就将水系统的生态保护考虑在内，从而为其持续发展提供了重要的保障。

除了满足人们日常生活、生产活动的需要以外，水对建筑还有三方面作用：物理调节、减少能耗和营造景观。

物理调节的主要作用是调节环境温湿度，改善局部小气候。首先，水的蒸发会吸收大量的热，因此在夏季可以通过蒸发水分起到良好的降温作用。水体蒸发降温的效果与其周边空气的温度、湿度及流速直接相关。可供选择的蒸发途径有表面蒸发（平静水体）、弥散蒸发等。其次，对位于水源附近的聚落而言，由于水的蓄热性能比陆地强，白天陆地附近空气升温较快，空气上升，而水面附近空气升温较慢，会形成气流从水面吹向陆地的现象；夜间则正好相反，从陆地吹向水面。如此日夜交替，形成所谓“水陆风”的现象，可以促进聚落附近的空气流动。

物理调节的另一项作用是净化空气，改善空气质量。水的这一作用来源于负（氧）离子。高速运动会使水加速分解，例如暴雨、瀑布、喷泉、海浪等情况下，分解的水会产生负（氧）离子。负（氧）离子具有净化空气的作用，它可以通过自身携带的负电荷吸附空气中的PM2.5等悬浮颗粒，使其沉降，达到消除污染物的作用。同时，高浓度的负（氧）离子具有除菌的作用，可以预防、抑制和缓解多种人体疾病。据统计，空气负（氧）离子含量为1 000个/cm^3以上时可以达到保健作用，8 000个/cm^3以上时可以达到治疗疾病的作用。

水减少建筑能耗的作用体现在其蓄热能力上。水作为蓄热材料，具有蓄热能力强、传热性能好、性能稳定、安全、易操作、经济廉价的优势。首先，与砖、石等其他材料相比，存储相同的热量时，以水作为蓄热材料能够减少蓄热材料用量，因而设备的体积和投入也相对较少。其次，水既是蓄热介质，也是传热介质，水所积蓄的热量不再需要通过其他介质进行传热，可以直接使用，最常见的利用方式就是太阳能热水器。第三，水具有很好的热稳定性，即使进行多次蓄热和释热过程后，其自身化学成分不会发生变化，可以持续长久使用。最后，水作为一种无毒无污染的材料，价格低廉，来源广泛，与其他蓄热材料相比具有天然的优势[28]。这些优势使水这种材料自然而然地成为最常用的蓄热材料。

水环境调节本身还有另一层含义。水资源在地球上虽然总体储量丰富，但可供人类使用的淡水资源十分有限。在很多国家的绿色建筑评价体系中，“节水”都是一项重要的衡量指标，我国更是将“节水”和节能、节地、节材、环境保护等列为评价建筑绿色性能的基本指标。

陕南地区总体降水量较多，近20年来的年均降水量约为718.5 mm，且降水集中在夏季，约占全年总降水量的47%。因此，陕南地区当地建房对水资源的调节以防为主，兼顾利用。防水防潮是当地传统农房和当代农房建筑重点考虑的因素之一。

1. 坡屋顶——屋面排水的有利方式

陕南地区传统农房，不论是山野地区的独栋土房，还是城镇地区的大户宅院，其屋顶几乎均为坡屋顶，其主要原因就是当地多雨的气候环境。事实上，屋顶做成坡面是世界大多数多雨地区传统建筑解决屋面排水的主要方式，降水量越多的地区，其屋面坡度越大，反之则越小。陕南地区的屋面坡度通常在27°～30°之间，相对于我国北方大多数地区的传统农房而言，其坡度是比较大的。

坡屋顶的排水有两种方式，即无组织排水和有组织排水。无组织排水的路径可概括为“屋面雨水—天井或室外地面—沟渠—水系”，陕南乡村地区常见的独栋式农房都采用无组织排水方式；有组织排水的路径可概括为“屋面雨水—排水设施（檐沟）—内院或者暗沟”，如图3-16所示。经过无组织方式排出的水体，其清洁程度与地面干净程度有直接关系。一般而言，采用有组织排水方式排出的水体，其清洁程度相对更高。

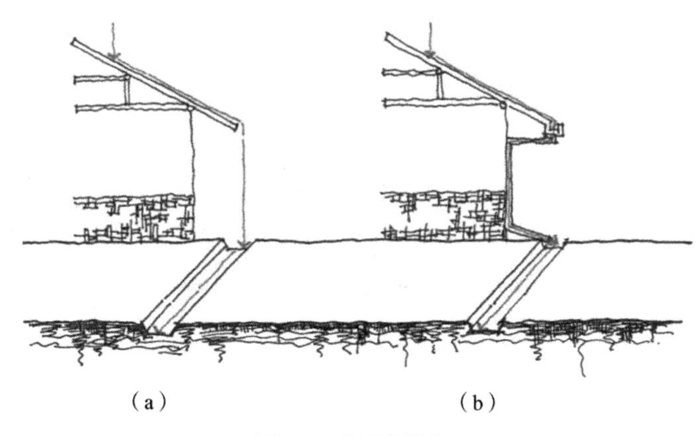

（a）　　　　　　　　　（b）

图3-16　坡屋顶排水

（a）无组织排水；（b）有组织排水

2. 天井和内院收集雨水与排放

在多雨地区，对于天井式农房而言，如何及时处理雨水，防止其积蓄是必须要考虑的问题。陕南地区传统农房通常的做法是内院四周屋檐下地面设排水沟或地下设置暗沟，院落周围布置排水口，院内地面向排水口找坡，雨水经过天井收集之后再依坡从暗沟排出院落，如图3-17所示。此外，很多大户人家院落里也会设置蓄水池或蓄水缸，既可以日常浇养花草，也可起到防火的作用。院内常设蓄水的另一个好处是可以调节农房内的微气候，尤其是在夏季，蓄水池内的雨水蒸发，有助于降低院落及其周边房屋的空气温度。

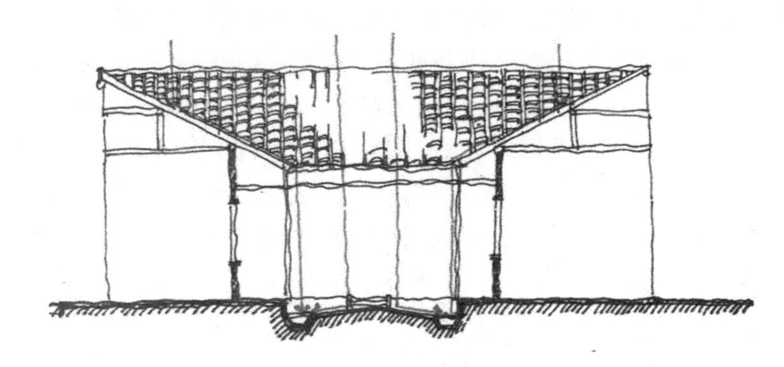

图 3-17　天井农房的排水系统

3. 出挑深远的檐下空间

陕南地区许多传统农房的墙体采用生土材料，这种墙体往往怕水怕潮，在多雨的陕南地区是一项极大的考验。为了避免墙体被雨水打湿，当地农房往往将屋檐出挑得很长，一般达到800~1 000 mm，甚至1 400 mm。挑檐深远的做法在保护墙体的同时也营造了一个檐下空间。除了避雨，檐下空间还有遮阳、联系室内外、组织交通、休憩、晾晒等多种功能。此类空间的形成方式多种多样，根据其与建筑主体空间关系的不同，可以划分为附加式和删减式两种。前者指通过阳台、平台、露台、雨棚等建筑外侧附加构件的出挑营造檐下空间；后者指通过下层房间后退、底层局部架空、外墙内退保留柱廊等形成檐下空间，如图 3-18所示。

4．石材墙基、垫板和柱础

解决墙体防水问题除了形成檐下空间之外，另一种方法是对墙体进行防水加固。陕南地区盛产石材，因此当地农房多采用石材砌筑墙体下部，并且在门槛底部也垫上青石板，如图3-19所示。这种做法可以有效避免地面渗水和雨水飞溅对墙基造成腐蚀。青石板是一种吸水率很低的材料，铺设地面时可以防止房屋木构件受潮。对于有檐柱的农房，柱子底部通常也用石材做柱础，以防止柱子被腐蚀，如图3-20所示。

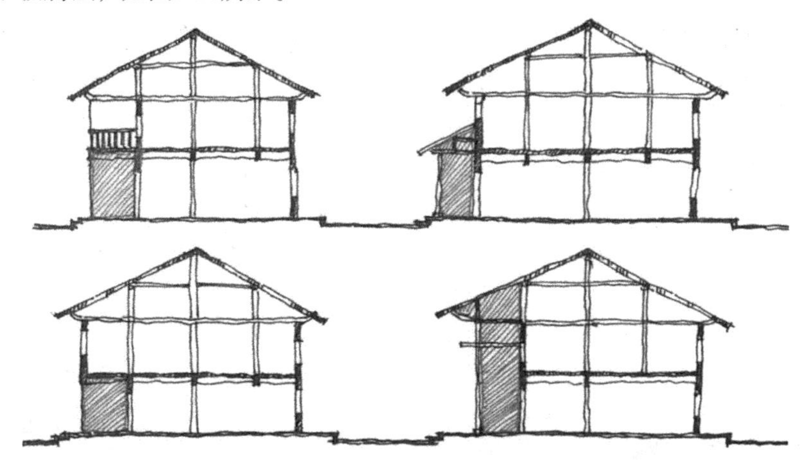

图 3-18　不同形式的檐下空间

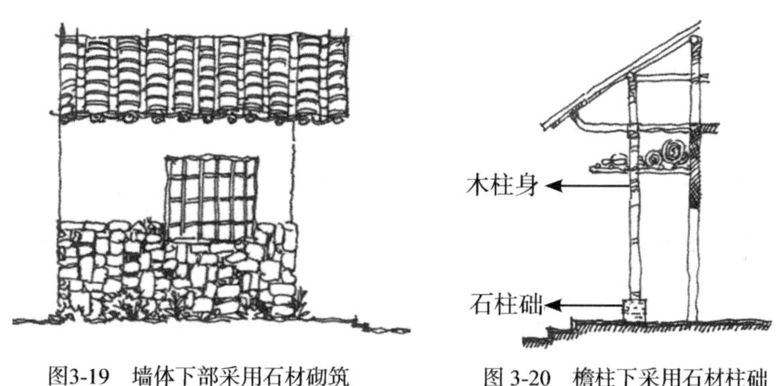

图3-19　墙体下部采用石材砌筑

图 3-20　檐柱下采用石材柱础

5. 麦草泥、草筋灰抹面

防止墙面被雨水侵蚀的一个直接的办法是在墙体表面设置防护层，现代建筑通常会在外墙外侧涂刷或铺设防水层，而陕南地区传统农房的外墙墙面也有一种防水层——麦草泥和草筋灰。其中，麦草泥是一种用黏性黄土、水和麦草杆混合而成的材料，具有很强的黏固性。草筋灰也称纸筋灰，是白灰膏中掺入细碎的稻草杆茎，以增加灰的拉接力和延展性。两者多用在夯土墙体的外表面，起到一定的防水和防止墙体开裂的作用。

3.3.4　热环境调节策略

在我国建筑热工分区中，陕南地区属于夏热冬冷地区，这一地区的气候特征为夏季炎热，冬季寒冷。陕南地区年平均气温在14～15℃之间，最冷月出现在1月，平均气温在0～3℃，最热月出现在7月，平均气温在24～27.5℃。当地为满足室内舒适性所要解决的主要问题是冬季保温，同时需兼顾夏季防热。

在没有现代墙体保温技术和采暖设施的年代，陕南地区农房虽然并没有太多高效的技术手段，但仍然结合气候条件创造出许多切实可行的策略和方法，并沿用至今。其中具体的做法或许已不适用，但所蕴含的理念对今天建房仍具有积极的指导价值。

首先是冬季寒冷的问题，解决办法可以概括为增加得热和减少散热两个途径。前者主要包含增加自然得热和人工补热两方面。增加自然得热的主要途径就是增加冬季室内的日照时长；人工补热即采暖，包括采用炉灶、火塘、火盆等方式。减少散热的方法主要有增加建筑外围护结构保温性能和减少散热开口两个方面。

1. 建筑布局坐北朝南，增加冬季室内日照

陕南地区传统农房大多采取坐北朝南的布局方式，其目的除了增加室内采光之外，更重要的是增加冬季室内得热。对于 “一字式”布局的农房，其建筑整体都朝南向布置。对于“半合院式”以及“合院式”农房，其布局通常是正房朝南布置，次要的厢房则布置在东西两侧，以保证主要功能房间得热，因此总体上也属于坐北朝南的布置范畴。

2. 生土墙体，增加墙体保温性能

陕南乡村地区的传统农房，大多采用夯土墙或土坯墙。根据泥土质量的不同，夯土墙体的厚度多在400～750 mm。土坯墙是在夯土墙的基础上发展起来的，比夯土墙更容易砌筑，施工的灵活性也更高。两种生土墙体的区别仅在于施工工艺上，其本身的热工性能差别不大。

黏土材料作为一种生土材料，具有很好的热工性能，以黏土砌筑的厚重墙体具有导热率低、热稳定性好、蓄热性能强的优点（见表3-3和表3-4）为陕南地区传统农房提供了冬暖夏凉的良好体验。

3. 房屋外墙开小窗，减少散热洞口面积

陕南地区生土农房由于其结构和力学性能的约束，外墙开窗面积通常较小，有利于减少冬季室内热量散失。

表 3-3　传统农房主要材料性能表（局部）[29]

材料名称	干密度（ρ）kg/m³	导热系数（λ）W/(m·K)	蓄热系数（S）W/（m²·K）	比热容（c）kJ/（kg·K）
夯土墙	1 800	0.93	11.03	1.01
土坯墙	1 600	0.78	10.12	1.01
草泥	1 000	0.349	6.36	1.01
轻质黏土	1 200	0.47	6.36	1.01

表 3-4　陕南三市传统农房围护结构（夯土墙）热工性能[29]

地点	构造做法	热阻（R）(m²·K)/W	蓄热系数（S）W/(m²·K)	总热阻（R_0）(m²·K)/W	热惰性指标（D）	内表面蓄热系数（Y_{if}）W/(m²·K)	热稳定系数（φ_s）
汉中	400 mm 夯土	0.43	11.03	0.65	4.94	6.53	5.31
	10 mm 草筋灰	0.07	2.79				
安康	400 mm 夯土	0.43	11.03	0.65	4.94	6.53	5.31
	10 mm 草筋灰	0.07	2.79				
商洛	430 mm 夯土	0.46	11.03	0.68	5.27	6.53	5.55
	10 mm 草筋灰	0.07	2.79				

4. 平加坡屋顶

陕南地区传统农房大多采用坡屋顶形式，这跟当地多雨的气候特点直接相关。到了当代，随着建筑技术的进步，平屋顶的做法逐渐普及。然而实践证明，平屋顶不利于应对当地多雨的气候环境，因此当地人巧妙地将平屋顶和坡屋顶结合起来，形成一种具有“空气缓冲层”效果的平+坡双层屋顶形式。与普通单层屋顶相比，由于有空气缓冲层的存在，使得采用平+坡屋顶的房屋不仅具有更好的防雨性能，而且具有更好的保温隔热效果。

3.4　陕南地区绿色农房的气候适应性设计策略体系

3.4.1　传统农房气候适应性设计策略的转化

陕南地区传统农房中的气候适应性设计策略，在当代农房中并不一定完全适用。分析传统气候适应性设计策略，应取其精华，同时对不适应当代居住需求的策略进行必要的现代转化。

从实地调研结果看，陕南地区现有传统及当代农房普遍存在以下六方面问题。

（1）传统生土农房室内采光严重不足

由于建筑材料的约束，使得传统生土农房外墙开窗面积十分有限，导致室内可进光量非常少。再加上房屋背面很少开窗或即使开窗也被封死、很少使用的实际情况，使得很多农房室内仅有单侧采光，更加剧了采光不足的问题，如图3-21、图3-22所示。

图 3-21　外墙开窗受限

图 3-22　室内采光严重不足

（2）传统农房室内通风效果不佳

传统生土农房多采用“一明两暗”的布局形式，仅在两边的偏房开窗，中间的堂屋只在主立面开门，背面不开设窗洞口。而且，由于使用习惯问题，房屋背面即使有外窗也很少开启，导致室内难以形成穿堂风。

（3）传统农房屋顶冬季散热严重

许多传统农房坡屋顶采用单层瓦，即当地传统“冷摊瓦”铺设方式，瓦与瓦之间缝隙大，使得冬季室内热量散失严重。

（4）新建农房冬季保温效果差

陕南地区现代新建农房大都采用普通砖混结构，外墙缺少保温措施，导致其冬季室内热量散失严重。

（5）新建农房室内功能布局不合理

由于缺乏专业的设计指导，陕南地区现代新建农房普遍存在室内功能空间布局不合理的问题，集中体现在主要房间没有布置在有利朝向。很多农房的起居、卧室等重要房间布置在北向，而厨房、储藏间等次要房间布置在南向，未能充分利用周边环境中的光、热、风等自然资源来营造舒适健康的室内环境。

（6）外围护结构额外开口导致冬季漏风严重

亮瓦、猫儿钻等原本为解决室内采光、通风问题所采取的构造，成为冬季室内漏风的薄弱环节，严重影响冬季室内热舒适性。

产生以上问题的原因主要有两方面，一是传统技术做法本身性能作用的局限性，二是传统做法在达成一定作用的同时又影响了其他功能。因此，传统农房中的气候适应性策略，需要根据具体情况进行辩证分析基础上的取舍和转化（见表3-5）。

表 3-5　陕南地区传统农房中不适应当代需求的设计策略分析

策略内容	不适应性因素	处理方法
设置猫儿钻以及将山墙上部开敞作为通风口等	通风口开敞面积过大或未进行冬季防风处理	优化：控制通风口开敞面积并进行冬季防风处理
设置亮瓦作为采光口	采光口未进行保温处理且不适合当代屋顶做法	优化或舍弃该做法
采用厚重生土墙体，实现保温隔热性能	外围护结构开窗面积受限	优化或舍弃该做法
麦草泥抹面作为防水层	不适应当代外墙做法	构造做法或采用新型防水材料
采用“冷摊瓦”屋面	冬季室内散热严重	改为平+坡双层屋顶
外墙开小窗，以减少散热洞口面积	影响室内采光通风	舍弃该做法

3.4.2 当代气候适应性设计策略的补充和完善

由于设计技术、材料、工艺等方面的限制，陕南地区传统农房所采用的很多气候适应性设计策略存在不足，本书结合当代新技术、新方法，对其进行补充和完善，具体如下。

1. 风环境调节策略的补充

门窗洞口对位布置，增加室内穿堂风：该项策略是相对容易理解和操作的设计方法，需要详细分析房屋外围护结构开窗的对位关系。

将主要功能空间布置在夏季主风向的上风向，次要功能空间布置在下风向：该项策略属于相对专业的设计内容，需要考虑功能房间与夏季主导风向的关系，合理布置建筑平面。

在建筑外墙设置挡风板：该项策略属于新技术利用的内容，指仅在房屋本身开窗洞口难以实现自然通风的情况下，通过在窗口额外设置挡风板，形成正负压区，促进自然通风。

在建筑周围设置高大植物进行挡风和导风：该项策略结合景观进行风环境调节，指在冬季寒风来向种植常绿树木，阻挡其对房屋的侵袭；同时，在夏季凉风来向，通过植物，引导风吹向建筑，促进通风降温。

2. 光环境调节策略的补充

在采光口设置遮阳构造：指在外墙窗口添加遮阳构件或构造，阻挡或减少夏季直射阳光进入室内。

3. 水环境调节策略的补充

为房屋外围护结构增加防水层：指通过专业的防水构造做法减少雨水等对建筑结构和室内环境的侵蚀。

4. 热环境调节策略的补充

房屋外围护结构增加保温构造：指通过专业的保温构造做法提升外围护结构热工性能，增强冬季室内保温效果。

合理设置建筑体形系数和窗墙比：该项策略属于专业设计方面的内容，需要在方案设计时，在综合考虑建筑造型、立面及外围护结构开窗关系的基础上，通过选择合理的体形系数和窗墙比，减少室内冬季散热和夏季得热。

利用高大植物进行遮阳：该项策略属于结合景观进行热环境调节的做法，主要指将冬季落叶树木布置在建筑的南向，夏季时树叶繁茂起到遮阳作用，冬季时树木落叶不影响日照得热。

3.4.3　陕南地区气候适应性设计策略体系

综合以上分析，对陕南地区气候适应性设计策略体系进行总结，见表3-6。

表 3-6　陕南地区气候适应性设计策略体系

设计策略	主要功能	作用量
村落大小空间交错布局、街巷疏密交错布置	增加街巷通风	+
	遮阳	–
设置天井	增加庭院通风	+
	增加采光	–
建筑底层架空	增加底层通风	+
	减少底层湿度	–
门窗洞口对位布置	增加室内穿堂风	+
房屋外围护结构开设额外通风口	增加室内通风	+
主要功能空间布置在夏季主风向的上风口，次要功能空间布置在下风口	促进夏季通风	+
在建筑外墙设置挡风板	调节通风	+–
在冬季主导风方向密植高大植物	阻挡冬季寒风	–
建筑“坐北朝南”，主要空间向阳布置	增加日照得热	+
	增加采光	+
屋顶布置额外采光口	增加采光	+
坡屋顶组织排水	促进排水	–
延伸屋檐	遮挡雨水	–
采用石材砌筑或装饰墙基、柱础	避免雨水侵蚀墙、柱	–
房屋外围护结构增加防水层	避免雨水侵蚀外围护结构	–
院内设置蓄水设施	收集雨水用于灌溉、防火、降温等	+
房屋外围护结构增加保温构造	冬季保温	+
	夏季隔热	–
采用平+坡屋顶，设置空气缓冲层	冬季保温	+
	夏季隔热	–
外墙采光口设置遮阳构造或遮阳板	减少夏季日照得热	–
利用树木进行遮阳	减少夏季日照得热	–
设置适宜的建筑体形系数和立面窗墙比	平衡冬季保温和夏季散热需求	±

注：“+”表示增加作用量，“–”表示减少作用量，作用量概念参照图3–1。

第4章　陕南地区绿色农房气候适应性设计的模式语言

4.1　空间布局模式

建筑的功能空间需要应对气候变化，具备自调节的能力。所谓空间布局，指通过特定的方式，合理、有效地组织建筑各个功能空间（房间）。合理的空间形式与布局模式能够直接为建筑节能作出贡献。

从绿色农房使用者的视角来看，农房建筑的光环境、热环境、空间体验感等均非常重要。在建筑设计初期，就需要结合多方面的需求，从采光、通风、节能等实用的角度出发，统筹考虑其空间关系及布局模式。

本节从建筑朝向、功能布局、比例尺度和特殊空间四个方面，对陕南地区绿色农房气候适应性设计的模式语言进行分析。

4.1.1　建筑朝向

陕南地区位于秦岭南麓，在建筑热工分区中属于夏热冬冷地区，夏季闷热，冬季湿冷，同时还兼有山地气候特征，昼夜温差较大。合理选择建筑朝向能够使农房在同样的空间布局之下，获得更好的采光、通风、集热等效果，从而有利于提升室内居住环境的舒适度。建筑朝向的选择可分为建筑整体与局部两个方面。

1. 建筑整体朝向

人类与大多数植物类似，都有着喜阳的特性。一般而言，农房建筑整体朝向宜选择南向。如在山地环境下，受山体的影响，建筑可选择在南坡、东南坡或西南坡等方位。总体而言，南向接受太阳辐射的时间较长，获得日照资源较多。有研究表明：夏季西南坡、东南坡的日照辐射总量最大，南坡次之，北坡最小；冬季南坡的日照辐射最多。因此，综合冬夏两季的日照辐射来看，南坡是最适宜的选址，东南坡、西南坡次之（见图4-1）。

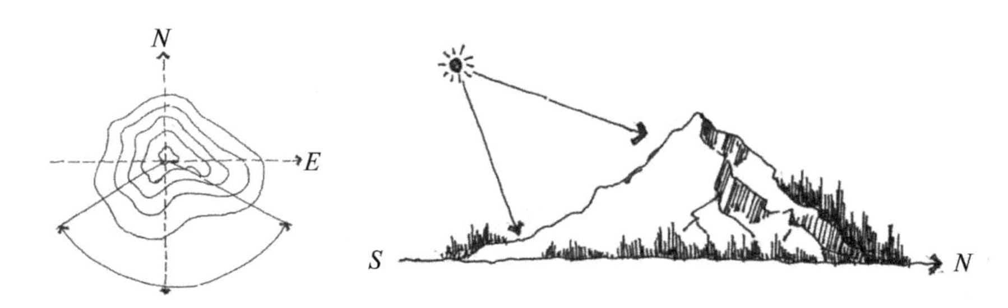

图 4-1　建筑最适宜的选址坡向

在确定坡向之后，为了获取最佳的采光、集热和通风效果，应进一步明确建筑的整体朝向。从采光的视角看，朝向在南偏东30°与南偏西30°之间效果最佳；从集热的视角看，朝向在南偏东45°到南偏西45°之间效果最佳；从通风的视角看，朝向与夏季主导风入射方向的夹角在30°～60°之间效果最佳。

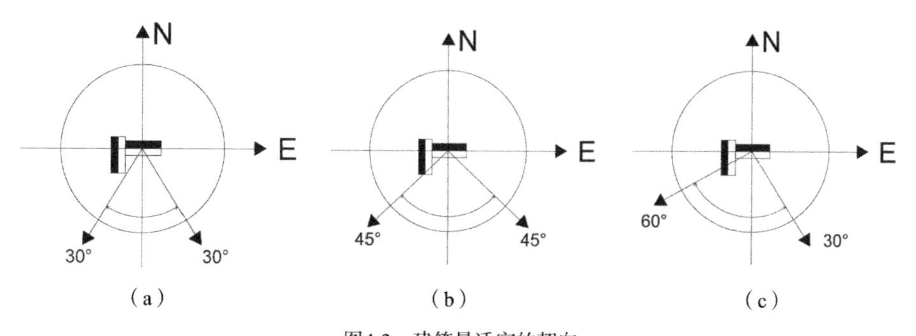

图4-2　建筑最适宜的朝向

（a）采光角度；（b）集热角度；（c）通风角度

2. 建筑局部朝向

对于采光、通风、集热等需求，不同功能房间存在一定的差异性，一般而言，主要功能房间，如客厅、卧室应优先考虑设置在有利朝向；辅助功能房间，如厨房、储藏间等可设置在相对不利朝向（见图4-3）。此外，产生气味的房间，如厕所、牲畜养殖等，应设置在常年主导风向的下风向，以减少对主要功能房间室内空气质量的不利影响。

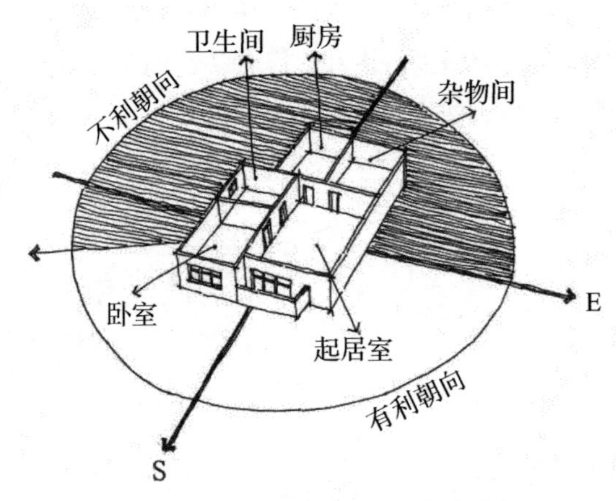

图 4-3　不同功能房间的适宜朝向分布

4.1.2　功能布局

1. 院落平面布局

陕南地区农房多以“建筑+院落”的形式出现，在用地宽裕的地方常出现合院形式；在商贸发达地区，有限的土地资源中容纳的人口与建筑密度都较大，使得建筑沿进深方向发展或沿竖向发展，结合地形、气候和地域风俗等，形成了种类复杂、形态多样的院落空间形式（见图4-4），生产与生活皆围绕院落空间展开。

图 4-4　院落布局形式

在变化丰富的院落布局形式中，天井具有特别重要的意义。位于核心区域的天井，可通过周围功能房间的围合与衔接，创造出共享交流空间，从而集合丰富的、多层次的生活场景于其中，对农村居民的生活与生产具有重要影响。

2. 建筑平面布局

建筑平面布局除了受气候因素影响外，还与动静、流线、内外等使用习惯相关。陕南地区传统农房一般以堂屋作为主要核心空间，起着内外联系与过渡的作用，沿堂屋开间方向设置卧室等主要使用空间，沿堂屋进深方向设置储藏、厕所等辅助空间。在沿街或用地紧张的地区，通常将天井作为核心空间，起过渡、联系和共享作用，其中沿街面作为商铺对外，沿天井往进深方向扩展，是对内的主要生活空间。

3. 建筑竖向布局

首先，陕南地区山地众多，地势起伏不定，坡度陡缓不一，可用于建设的平地非常有限，借助地形地势而建造的农房数量较多。其次，陕南地区河流水系发达，气候湿润，降水量丰富，可通过高差隔离的方式缓解室内潮湿问题。因此，在农房设计初期，竖向高差处理是需要解决的重点问题之一，合理设置高差既可起到节地的效果，又有利于减少场地处理的成本，是陕南地区农房地域适宜性生态设计的有效措施之一（见图4-5）。

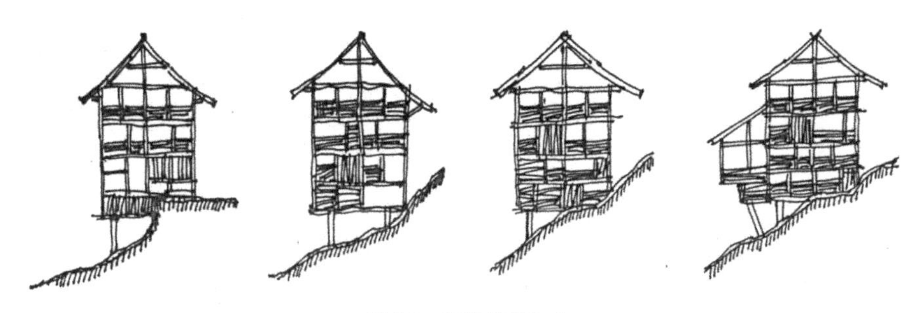

图 4-5　高差处理方式

4.1.3　比例尺度

一个建筑使用空间通常可从开间、进深和高度三个维度进行界定。营造舒适的空间感需要确定合适的空间比例与尺度。一般而言，一个房间的开间与进深之比宜控制在0.5～2，即开间（进深）不超过进深（开间）的两倍，否则所形成的空间就如同走廊，过于狭长，且不适宜室内家具布置（见图4-6）。

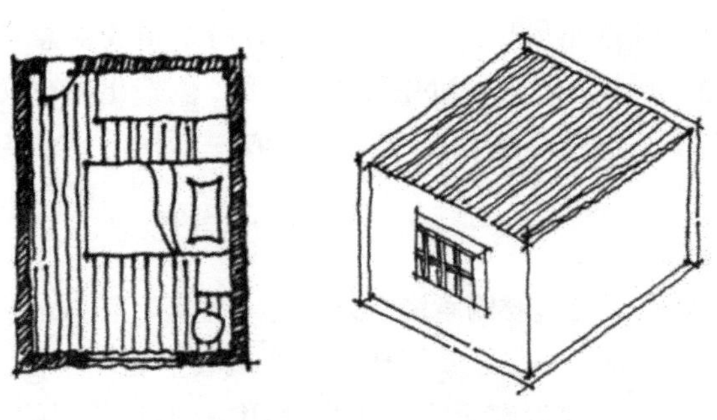

图 4-6 合理的空间开间/进深比例

在陕南地区农房中，建筑层高（特别是首层层高）普遍较高，一般在3.5~4 m以上。层高过高会使空间比例失调，显得空旷，使人缺少安全感，且随着室内净高增大，建筑物体积增加，需要消耗更多的热量为其供热或降温。加之建筑散热面的增加，不利于建筑节能。层高也不宜过低，室内过于低矮不仅易给使用者造成压抑、憋闷的感觉，还会限制开窗的位置和高度，不利于室内的空气流动和自然光引入。因此，过低或过高的层高都会影响室内居住环境的舒适度（见图4-7）。一般情况下，农房主要使用空间的层高控制在3～3.3 m以内较为适宜。

图 4-7 层高过低或过高均会影响室内环境舒适度

陕南地区农房天井的竖向高度和横向跨度比往往达到2：1~3：1左右，四周屋檐出挑较大，形成下大上小、狭长而高深的空间感受（见图4-8）。天井不仅是农房的核心交流空间，也承担着部分实用功能。比例/尺度合理的天井能够形成明显的“烟囱效应”，有利于夏季通风除湿。

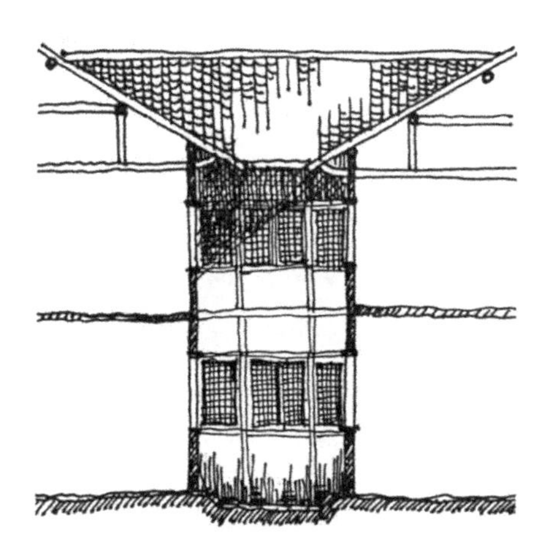

图 4-8　陕南地区农房天井的比例

4.1.4　特殊空间

陕南地区传统农房中的檐下灰空间、坡屋顶下三角形空间和堂屋等属于特殊空间。过去，这些空间或承担着实际的使用功能，或发挥着气候调节的作用，或具备某种精神象征意义。当今作为对传统建筑艺术与生态智慧的传承，依然有其现实意义与存在价值。

檐下灰空间是承担农村生活化场景的重要场所，具有较强的现实意义。在陕南多雨的气候条件下，屋檐出挑所营造的空间，能够为雨季提供一个可接触室外的活动区域，避雨、晾晒、会客、交流，甚至雨天时在檐下泡一杯当地盛产的新茶，也别有一番生活情趣。檐下作为室内外的过渡空间，可以承载丰富的使用功能。

檐下空间的形成可通过“加减法”，也就是“附加式”和“删减式”来实现（见图4-9）。“附加式”主要通过两种途径实现：在农房上部增加阳台、露台等附加在主体之外的空间；增加雨棚、遮阳板等附加构件。“删减式”主要通过三种途径实现：底层采用柱廊实现空间的贯穿式内凹；底层架空实现空间的大面积内凹；底层局部架空实现空间的小面积内凹。

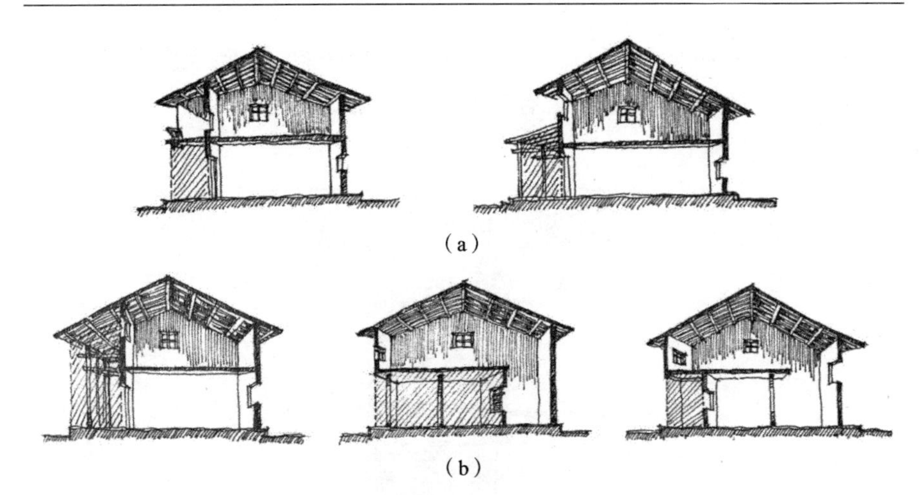

图 4-9　檐下空间的两种实现方式
（a）附加式；（b）删减式
注：斜线处示意檐下空间。

4.2　构造做法模式

随着经济与科技的发展、城镇化水平的不断提高，农房建造不再局限于基本的避风遮雨、坚固耐久等实用功能，应进一步提升室内环境的舒适度和能源利用的高效性，从而达到良好的居住环境体验和低碳节能的运行效果。陕南处于夏热冬冷地区，在阴冷的冬季不集中供暖的情况下，更需要提高农房的保温性能；潮湿的气候和多发的降雨对农房的防水防潮性能也提出更高要求。

针对夏热冬冷地区气候特征，可以结合当地传统农房的营建经验与现代工艺的技术特性，将地域性构造做法模式化，形成不仅具有良好保温隔热、通风、遮阳、防水等综合性能，而且具有地域特色的现代绿色农房。

4.2.1　保温隔热

保温隔热是保证建筑室内热舒适度的重要措施之一。热量的传递方式包括传导、对流和辐射三种。传导主要指热量以固体物质为媒介，由高温处向低温处传递的现象。由于传导现象的存在，冬季时，室内的热量会通过外墙、屋顶等部位向室外流失；夏季时，外界的热量也能通过建筑的外围护结构传递到室内（见图4-10）。为了达到降低能耗和提高室内热舒适度的目的，应采取合理的构造措施，提高围护结构的保温隔热性能。按围护结构部位划分，建筑保温主要涉及外墙保温和屋顶保温。

图 4-10　冬夏两季的热量传输导致室内环境冬冷夏热

1. 外墙保温

陕南地区自建农房多以独栋式为主，所有外墙均与室外大气接触，受气候环境变化影响较大。对农房外墙进行保温隔热设计至关重要。按保温材料在围护结构构造中的位置，外墙保温可分为外保温、内保温和夹心保温。

（1）外墙外保温

外墙外保温，即将保温材料设置于墙体靠室外一侧。其特点包括：①适用于新建建筑或既有建筑的改造；②保温材料位于外墙主体结构外部，有助于减少外界气候环境对墙体的不利影响，起到有效的保护作用，提高墙体结构的耐久性；③保温材料设于室外低温一侧，不仅有利于避免冷桥的影响，而且有利于避免墙体内部潮湿状况；④能够增强墙体的防水性和气密性；⑤不占用室内面积，有利于提高使用面积系数。

根据外墙的外饰面做法可分为涂料、饰面砖、外挂板等。依据不同的外饰面类型，外保温的具体做法存在一定差异，如图4-11所示。现有技术条件下保温层主要分为三种类型：①砂浆型，例如膨胀珍珠岩保温砂浆、聚苯颗粒保温砂浆等；②粘贴型，例如纸面石膏聚苯复合板、岩棉复合板等；③龙骨内填型，在外墙内侧设置木制或钢制龙骨骨架，将包装好的玻璃棉、岩棉等嵌入其中，表面再封以石膏板。

（2）外墙内保温

外墙内保温，即将保温材料设置于墙体靠室内一侧。其特点包括：①施工简单易行；②对保温材料的技术要求较低；③保温材料位于墙体内侧，不易受室外气候环境的不利影响；④造价较低，既适用于新建建筑，也适用于旧建筑改造。

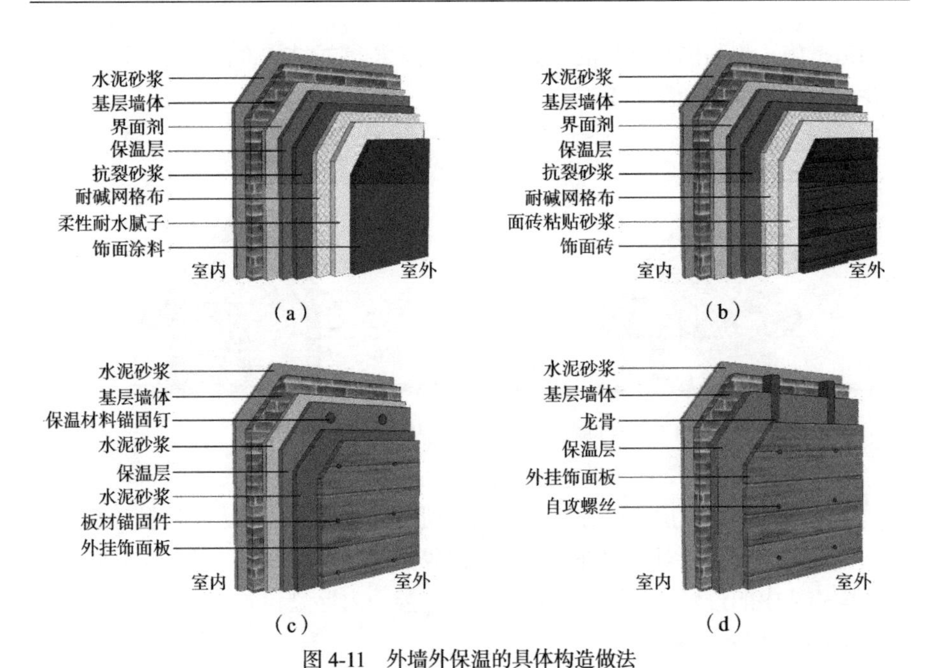

图 4-11　外墙外保温的具体构造做法

（a）外饰面选用涂料；（b）外饰面选用面砖；

（c）外饰面选用有砂浆垫层的外挂板；（d）外饰面选用有龙骨固定的外挂板

相较于外保温而言，内保温的劣势也较为明显，包括：①难以避免“冷桥”的影响，在冷桥部位，表面容易结露、潮湿，甚至长霉，不利于材料的耐久性与美观性；②不利于内部装修；③防水性和气密性较差；④不利于对建筑外围护结构的保护；⑤占用室内使用面积，经济性相对较差。具体构造做法如图4-12所示。

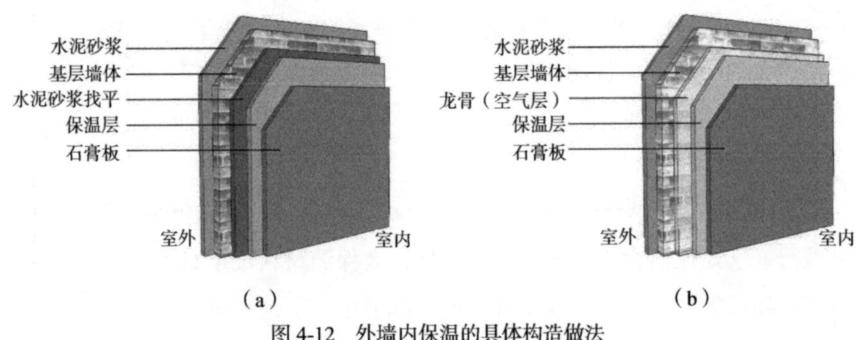

图 4-12　外墙内保温的具体构造做法

（a）无空气层；（b）有空气层

（3）外墙夹心保温

夹心保温是将保温材料放在两层砌体中间，可以充分发挥各种材料的优势，适用于新建农房的设计与建造，兼具外保温和内保温的特点。外墙夹心保温主要优点是保温材料不易损坏，且不影响内外墙面的正常使用；主要缺点是施工工艺较复杂。

2. 屋顶保温

屋顶是建筑最上层的围护结构构件，主要功能是抵御雨雪、风、太阳辐射等气候因素的不利影响，为屋顶下营造一个舒适的使用环境。农房通过屋顶向室外散发热量的比例相对较大，因此屋顶的保温隔热设计非常必要。屋面的构造做法按照保温层与防水层的相对关系，可分为正置式屋面和倒置式屋面两种（见图4-13）。

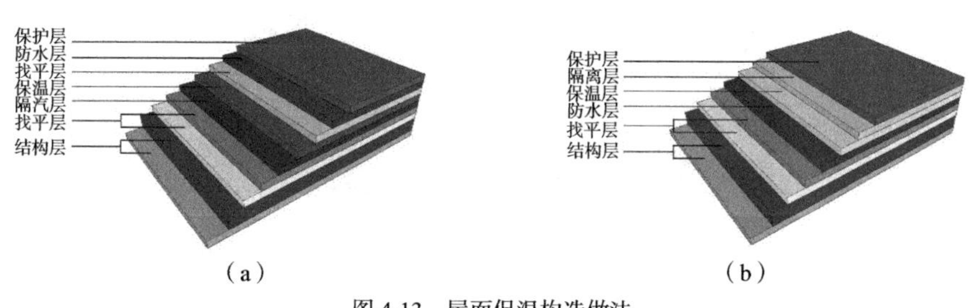

图 4-13　屋面保温构造做法

（a）正置式屋面；（b）倒置式屋面

（1）正置式屋面

正置式屋面指将保温层设置在防水层下方的屋面构造做法。这种构造方式会导致保温层施工时留下的水分不易蒸发，且冬季室内水蒸气会向保温层渗透，容易产生冷凝水，降低材料的保温性能，因而需要在保温层下方设置隔汽层，屋面上层合理设置排气孔。

（2）倒置式屋面

倒置式屋面指将保温材料设置在防水层上方的屋面构造做法。这种构造方式与传统做法相比，有以下优势：首先保温层能够为防水层提供表面物理性保护，防止其受到外力的破坏；其次能使防水层有效避免热应力的影响，防止其出现热胀冷缩现象，增强防水层的耐久性；最后不必设置隔汽层和屋面排汽系统，构造简单。然而，这种构造方式对所采用的保温材料也有特殊要求，应当使用吸湿性低、耐久性强的憎水性材料作为保温层，例如聚苯乙烯泡沫塑料板或聚氨脂泡沫塑料板等，同时保温层上宜铺设钢筋混凝土、卵石、砖等作为保护层。

除了利用保温材料的构造做法外，陕南当地传统农房中还有一种特殊的做法——坡屋顶下三角形夹层空间，也就是“平+坡”屋顶（见图4-14）。该做法是在坡屋顶与平屋顶之间构建一个夹层空间，利用空气层进行保温隔热。普通的平屋顶保温隔热性能较差，夏季室外热量容易进入室内空间，冬季室内热损耗明显，而“平+坡”的构造方式则利用了空间夹层的阻隔能力，可以有效减少室内外热量交换，提高室内热环境的舒适性（见图4-14）。此外，屋顶下的三角形夹层空间，还可用作储藏空间，大大提高了空间的复合性和利用率。

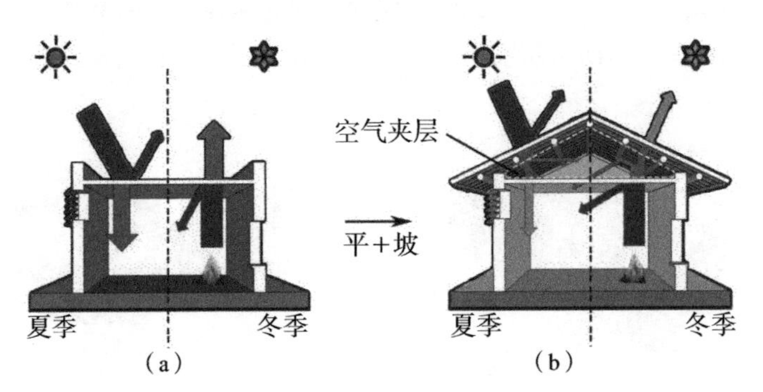

图 4-14　平屋顶和“平+坡”屋顶的冬夏季保温隔热性能示意

（a）平屋顶；（b）平+坡屋顶

4.2.2　通风降温

良好的通风是农房夏季降温最有效的方式之一。促进农房通风的基本设计原则为：主要功能房间朝向夏季主导风的上风向，即迎风一侧；厕所、养殖区等有气味的空间尽量保持通透且布置在主导风的下风向；窗户的布置应保持对应、连贯，为形成穿堂风提供有利条件；必要时可设置挡风板等构件辅助室内通风。

按照风通行的方向，通风方式可分为两种类型：水平通风和竖向通风。

1. 水平通风

首先，主入口的朝向会对室内通风效果及热环境产生影响，如图4-15所示。当主入口迎着夏季主导风向时，室内的夏季通风效果会较为显著，利于降低室内温度；而当主入口迎着冬季主导风向时，冬季冷风会对室内热环境产生不利影响，需要在入口处采取防风措施。

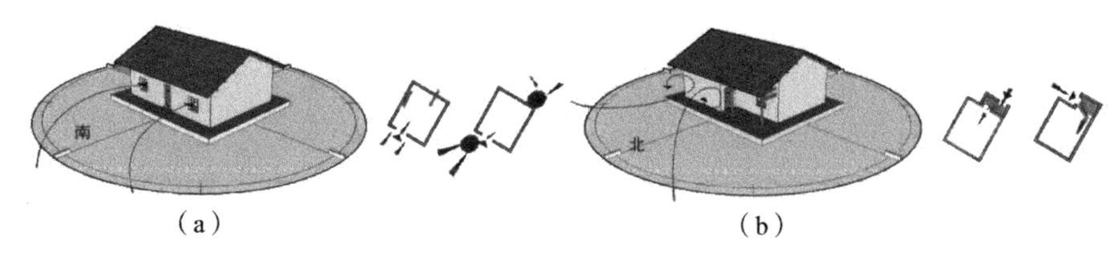

图 4-15　主入口朝向与冬夏季主导风向的关系
（a）主入口迎向夏季主导风向；（b）主入口避开冬季主导风向

其次，挡风板的设置亦会影响室内通风效果。挡风板可分为几种不同的类型（见图4-16）：①百叶型挡风板，通过可调节角度的百叶，对气流进入室内的角度进行人为调节，使下压的风覆盖到人的高度；②集风型挡风板，通过室外围合的挡风板，将进入室内的风进行集聚，提高进入室内气流的速度；③导风型挡风板，在窗洞口外侧沿风的来向，布置垂直挡风板，引导风的流动，并将其引入室内；④双重挡风板，是导风型挡风板的进化，通过在不同位置的窗洞口设置垂直向挡板，在迎风面和背风面分别形成气流的高压区和低压区，利用气压差促进空气流动。

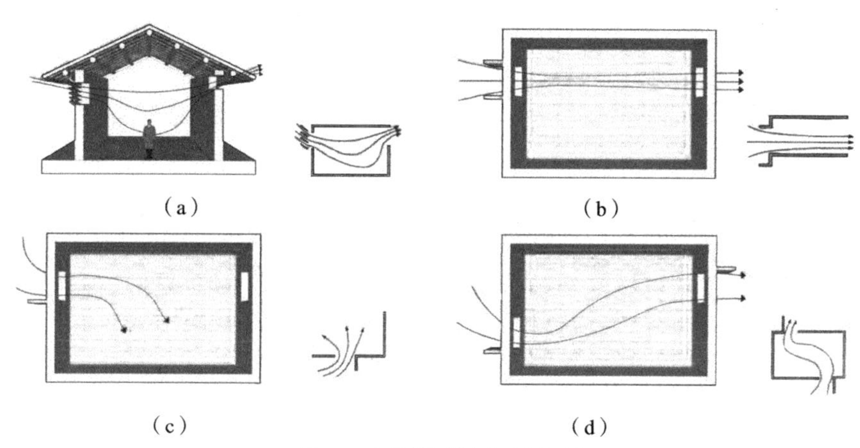

图4-16　不同类型的挡风板布置
（a）百叶型挡风板；（b）集风型挡风板；
（c）导风型挡风板；（d）双重挡风板

2. 竖向通风

竖向通风，通常利用热压原理（也称“烟囱效应”）进行通风。将进风口和出风口设置在不同的高度，室内热空气密度小，会不断上浮，从而带动密度较大的冷空气不断补充进来，从而产生气流。一般情况下，进风口和出风口之间的高度差或温度差越大，通风效果越明显。

出风口的形式根据平、坡屋顶的形式不同而有所不同。平屋顶中，突出屋面的出风口有单向出风和双向出风两种形式；坡屋顶中，出风口可设置成烟囱的样式，顺着坡屋面延长通风井的长度，以加强通风效果（见图4-17）。

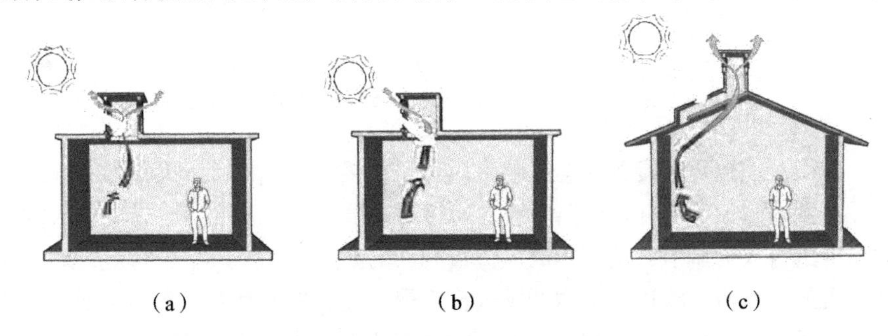

（a）　　（b）　　（c）

图 4-17　竖向通风的出风口形式

（a）双向出风口；（b）单向出风口；（c）坡屋顶双向出风口

依据热压通风原理，要实现良好的竖向通风效果，需要进风口和出风口之间存在足够的高度差。一般可在农房的中庭或天井、顶层房间、楼梯间等通高空间实现热压通风（见图4-18）。天井或中庭属于室外空间，面向天井或中庭的室内空间可朝向天井开设窗洞口，从而获得竖向通风效果。在顶层的房间内，可设高窗或天窗通风，但由于高度受限，拔风的效果通常不明显。一般而言，在楼梯间或通高的客厅进行热压通风，往往拔风效果较好，通风效率较高。

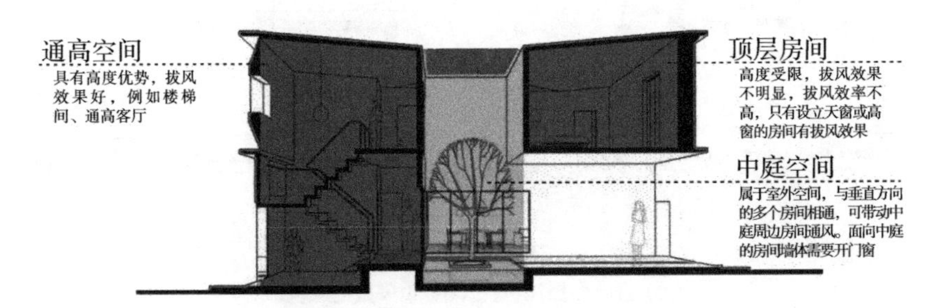

图 4-18　可进行热压通风的三种空间

4.2.3　遮阳防热

一般情况下，应将建筑的主要功能房间布置在南向，以便更好地采光、集热；但这与夏季遮阳防热存在一定矛盾，最简单有效的应对方法就是采取夏季遮阳措施。常见的遮阳形式包括建筑遮阳、植物遮阳、构件遮阳等。

1. 建筑遮阳

建筑遮阳可分为建筑群体遮阳和建筑自遮阳两种类型。其中，建筑群体遮阳，指建筑群体布局时，综合考虑夏季遮阳需求，使不同建筑为彼此提供遮阳；建筑自遮阳，指通过建筑自身形体的凹凸达到遮阳效果，如水平方向利用西侧凸出部分为东侧遮阳，竖直方向利用凸出的阳台、出挑的屋檐为其下部空间提供遮阳等。

太阳直射辐射的方向性较强，利用屋檐对太阳直射辐射进行遮挡是行之有效的遮阳措施。陕南地区传统农房的屋檐出挑深远，有些更是将屋檐延伸形成檐廊。这些屋檐和檐廊在室内外之间形成过渡和缓冲空间，有利于提高室内热环境的稳定性。而且，延伸出来的屋檐和檐廊利用正午太阳高度角夏季高、冬季低的特点，可有效地遮挡夏季阳光而又不影响冬季阳光进入室内。

2. 植物遮阳

利用自然植物可以构成具有生态气候适应性的绿化遮阳。植物可以吸收太阳辐射热，并利用叶面水分的蒸腾作用进行降温，调节局部微气候环境。根据绿化植物所在位置的不同，可分为窗墙绿化和庭院绿化。对窗墙绿化而言，在南向窗、西向墙可以选择落叶攀缘植物。对庭院绿化而言，在建筑南侧的向阳面，可种植落叶乔木，夏季能够降低建筑外部环境温度，改善视觉景观；冬季树木落叶后可以使建筑外表面不受遮挡，有利于接收更多的太阳辐射。

3. 构件遮阳

太阳运动轨迹具有规律性，因此根据建筑方位的不同，采用适宜的遮阳构件可获得较好的遮阳效果。构件遮阳主要指利用遮阳板或遮阳百叶等进行遮阳，常见的遮阳板形式有水平式、垂直式和组合式。结合植物遮阳综合来看，不同的遮阳形式适合

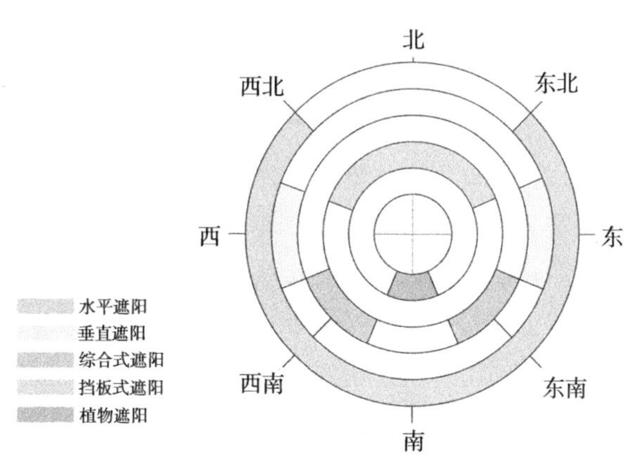

图 4-19 不同遮阳形式的适宜朝向

用于不同的建筑朝向，如图4-19所示。

4.2.4 集热蓄热

建筑的热利用主要涉及集热和蓄热两个方面，其中集热是蓄热的基础。首先需要将太阳辐射热引入室内，然后才能通过构造或材料储藏热量。因此，集热蓄热是一项综合性、集成性设计策略，针对农房可采用特朗勃墙、阳光间等被动式设计方式，以提高其集热蓄热能力。

1. 特朗勃墙

特朗勃墙是一种依靠独特的墙体构造设计实现集热蓄热能力的系统，无需机械和传统能源的消耗。该系统可以将太阳辐射转换成热能，并以热空气的形式传递到室内。特朗勃墙由蓄热墙体、空气层和玻璃三部分组成，蓄热墙体上下留有孔洞；为了提高墙体表面吸热能力，颜色尽可能为深色。在冬季、夏季以及白天、夜晚四种工况下的工作运行原理及要求存在差异，如图4-20所示。

冬季白天，在蓄热墙与外层玻璃之间，空气被加热，通过蓄热墙上下预留的孔洞向室内对流供暖。冬季夜间，蓄热墙上下通风口需要关闭，依靠墙体本身的蓄热向室内辐射供暖。玻璃和墙体之间最好设置隔热窗帘或可移动的保温板，避免墙体向室内辐射传热的同时也向室外辐射散热。夏季白天，玻璃的上部通风口打开，下部通风口关闭，同时蓄热墙的上部通风口关闭，下部通风口打开。玻璃和蓄热墙之间的空气受热后可以由玻璃上部通风口排出，同时带动室内热空气由蓄热墙下部通风口进入间层，之后也通过玻璃上部通风口排出。夏季夜晚，玻璃及蓄热墙上下通风口均打开，同时房间进风口也全部打开，利用夜间穿堂风带走房间在白天积聚的热量。需要注意的是，房间的进风口（图示右侧）应选在空气清洁凉爽之处（例如树荫下），同时玻璃和蓄热墙之间的空气应保持流通，避免因温室效应造成的热空气在此处聚积。此外，夏季时，可在靠近玻璃外表面或内表面的位置，设置具有热反射功能的窗帘或百叶等，其外表面采用浅色或铝箔材料以尽可能反射太阳光；同时，在蓄热墙外表面可设置活动隔热板以减少墙体对热量的吸收，夜间可移开隔热板以利于墙体充分散热冷却。

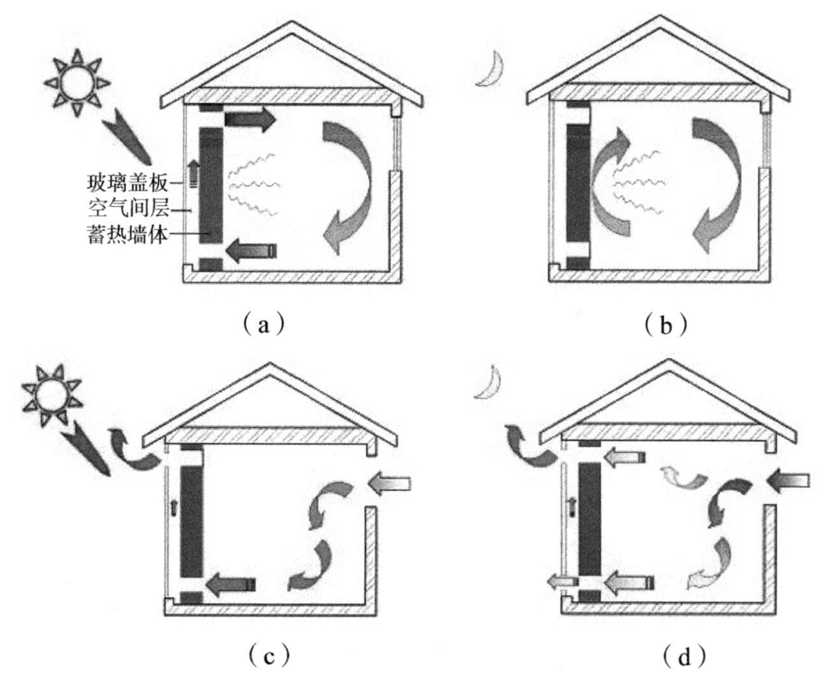

图4-20　特朗勃墙四种工况下的工作原理图
（a）冬季白天工况；（b）冬季夜晚工况；
（c）夏季白天工况；（d）夏季夜晚工况

2. 阳光间

（1）附加阳光间。

附加阳光间（简称“阳光间”）一般有四种得热形式（见图4-21）：①太阳通过阳光间直射进入房间得热；②利用空气的自然流动交换得热；③通过蓄热墙体向室内传递热量；④通过机械方式将阳光间的热量导入蓄热地面，进而向室内辐射散热。

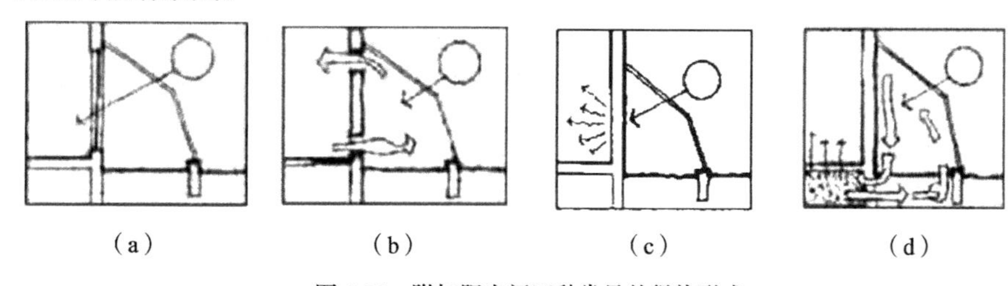

图 4-21　附加阳光间四种常见的得热形式
（a）阳光直射进入房间得热；（b）利用空气的自然流动来交换得热；（c）通过蓄热墙向室内传热；
（d）通过风扇将阳光间的热空气导入蓄热地面，例如卵石床，进而向室内辐射散热阳光间一般设立在建筑南向、东南向等太阳辐射较强的朝向，在建筑主体和阳光间之间用墙体分隔开，墙上设置门、窗等通风口。阳光间不仅可以作为缓冲区起到防止寒风侵入、集热保温和向室内供热的作用，还可以作为白天的休息活动场所和温室花房，与整个建筑融为一体（见图4-22）。

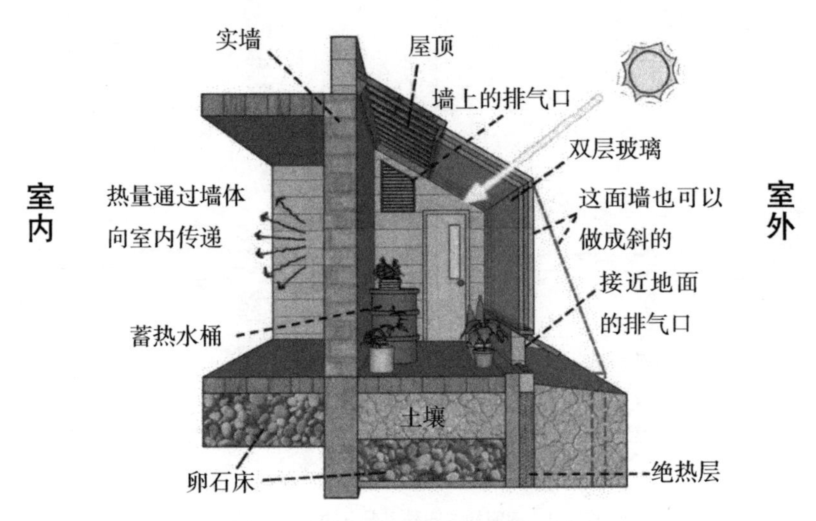

图 4-22　附加阳光间构成示意

阳光间的尺度首先应注意与建筑的协调性，其次应注意从得热和采光的角度仔细分析。其进深不宜过大，否则会影响相邻房间的采光效果，还会影响墙体的集热蓄热效果。研究表明，兼作使用和集热的阳光间进深一般不宜超过1.4m[30]，实际设计过程中可根据具体情况进行调节。

建筑主体和阳光间之间的分隔墙体，应具有较高的集热效能，将所收集的热量通过传导、辐射或对流的方式传送到相邻房间。首先，应尽量减少周边环境的遮挡，保证墙体可以充分接受到太阳辐射；其次，为保证墙体对接收到的太阳辐射有较高的吸收率，可以选择太阳辐射吸收系数高的材料或涂刷颜色较深的涂料。在保证具有良好得热条件的同时，还应选择具有较好蓄热能力的墙体材料，如砖、石、土或混凝土等，设计时可根据农房特点进行选择。此外，墙体上的门窗洞口面积不宜小于墙体总面积的12%，通常的开口率是25%～50%[30]，以保证有效地利用空气自然循环向室内传递热量。

阳光间在冬季得热的同时夏季也容易出现过热的现象，因此应采取一定的遮阳和通风措施。遮阳主要通过减少太阳辐射来减少夏季日照得热，如将阳光间的顶棚向外延伸，以减弱阳光对室内的影响。需要注意顶棚的出挑尺度不宜过长，以避免影响到冬季得热。也可以采用一些活动的遮阳设施，如窗帘、挡板等。通风是通过促进阳光间内的空气流动来避免温度过高，可通过控制窗户的开启方式来引导气流，如可将阳光间外层上侧设置为内开上悬窗，下侧为外开上悬窗。

（2）阳台改造阳光间。

既有农房中往往没有专门设计阳光间，但通常在阳台或露台处采用玻璃围合，形成了类似阳光间的空间，且兼具了阳台的晾晒、休闲等功能。此类阳台可以改造成为阳光间。为了提高改造阳光间的集热蓄热能力，在改造设计中应注意以下几点：①降低既有阳台的栏杆高度，以扩大阳光间的受热面积；②在阳台和室内空间之间，利用双层中空玻璃、隔热帘或百叶等提高隔热性能；③利用可开启的窗洞口实现阳光间内部的夏季通风降温；④调整地面和墙面，选择太阳辐射吸收系数高的材料，以提高阳光间的集热蓄热能力。

4.2.5 主动式技术

从经济性的角度看，绿色农房中一般主要采用气候适应性的被动式技术，但适宜高效的主动式技术也可以在气候适应性绿色农房设计中发挥重要作用。一般而言，主动式技术有较强的专业性，需要建筑、暖通、给排水、结构等相关专业的协同配合。

1. 雨水、中水回收技术

陕南地区降雨量大，频次较多，尤其是夏季暴雨频发，如何适应并利用这样的气候条件，是该地区绿色农房设计中必须重视解决的问题。若采用适宜的技术，可将雨水转化为可循环利用的再生资源。在农房中可采用多级沉淀、过滤的形式设置雨水过滤池，通过檐口的落水管将雨水汇集并导入雨水过滤池，可用于冲厕、灌溉和简单清洁。除此之外，还可用于庭院的景观营造，有利于改善微气候环境。对于使用过的中水，也可通过设置多级别串联式生态滤水池进行过滤和处理，以提高水资源的再生利用率（见图4-23）。

2. 地源热泵技术

陕南地区河网水系发达，浅层地表水资源丰富，为地热利用提供了先天条件。地源热泵是一种利用地下浅层地热资源，既能供热又能制冷的高效节能环保型空调系统，通过输入少量的高品位能源（电能），即可实现能量从低温热源向高温热源的转移，如图4-24所示。冬季，将土壤作为低温热源，经热泵机组吸收，并加热后供给室内用于采暖；夏季，将土壤作为冷源，将从建筑室内吸收的热量通过封闭式地埋管系统排入土壤，可以有效降低室内温度，其中余热可被系统回收，用来加热水。地源热泵技术属于电能主导下的主动式技术，优势明显，但也存在一定的弊端，如系统复杂、施工周期长、成本造价较高等，在农房建设中，应结合地域资源禀赋、经济发展水平和施工技术条件等因素综合权衡考虑。

图 4-23　雨水回收系统示意图

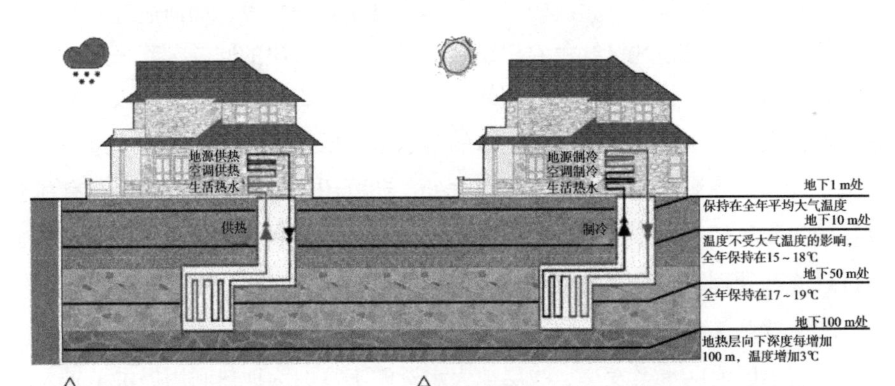

△ 冬季供热时，大地作为热泵机组的低温热源，通过封闭式地埋管系统获取土壤中的热为室内供热及热水

△ 夏季制冷时，将大地作为排热场所把室内热量通过封闭式地埋管系统排入大地中，为室内提供冷却，余热被系统回收用作供热水

图 4-24　地源热泵系统示意图

4.3　材料选择模式

材料特性决定了其功能及用法，合理进行材料选择与组合配置是气候适应性绿色农房设计的一个重要内容。

4.3.1　传统建筑材料

地域传统建筑材料因其获取简单、成本较低的特点，在漫长的历史时期，成为传统农房建设的首选材料。陕南地区常见的地域传统建筑材料有木材、石材、竹、生土、页岩、瓦、青石板、河石、瓦岩板等，其色彩、纹理等构成了当地传统农房独特而丰富多样的特征元素。当代绿色农房设计应在秉承就地取材、气候适应传统做法的同时，按照经济适用和技术匹配的原则进行材料选择。例如，陕南汉中地区盛产页岩，传统农房中常用页岩片铺盖屋顶，当代农房则把页岩加工成页岩砖，以适用于工业化的营建；安康紫阳盛产瓦岩板，多用作屋顶覆材，形状各异，具有良好的热工性能，层层叠落的石板屋面与周围自然环境相融合，已成为该地区传统农房的重要地域性标志之一。然而，其在当代绿色农房中如何进行转化传承，还有待做进一步探索。

如前所述，陕南地区传统民居多为穿斗式，外墙底部及中部以砖石、土坯填充，上部则以竹笆木板填充，有的在竹笆木板外抹草泥，刷白灰浆；木构架外露，通过材料质感对比，形成上轻下重的稳定感（见图4-25）。然而，墙体材料也因其所处的地形环境而略有不同。

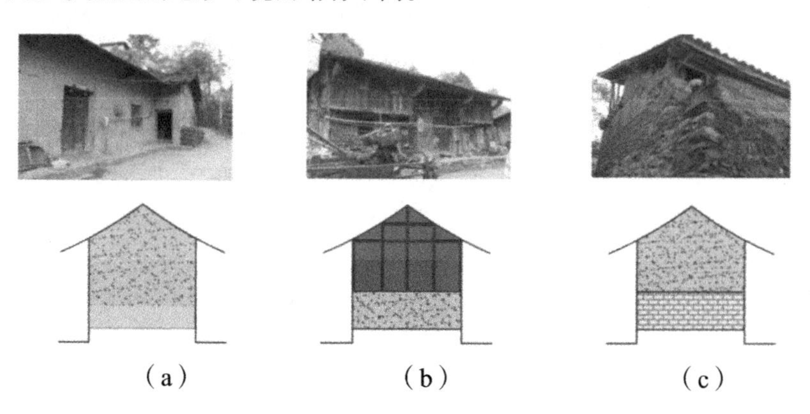

图 4-25　传统地域材料的使用

(a) 下部抹灰，上部夯土；(b) 下部夯土，上部整体木构架；(c) 下部砖石，上部夯土

在有高差或临河的情况下，墙体下部往往采用硬质材料，如页岩砖、河石等。硬质材料的堆叠不仅能够在一定程度上解决高差问题，还可以有效地防水防潮，避免墙体受损。墙体上半部分的材料选择则比较灵活，可采用土坯、木材、竹编夹泥墙等软质材料，或者诸如砖石一类的硬质材料。在夯土墙建造过程中，为了提高墙体的强度及耐侵蚀能力，会在其中加入碎瓦片、秸秆、竹片等材料，既能增加材料强度与结构稳定性，也是一种对废旧材料的再利用方式。

建筑基础的处理根据地形的不同，分为三种形式：①底部用河石、砖石作为基础（见图3-19），抬高室内整体标高，以改善室内湿环境；②整面墙体采用砖石等防水材料，使立面材料统一，同时避免不同材料搭接所造成的缝隙，以提高结构的整体性；③采用底层架空结构。这种类型农房大多是临河而建，底部架空是建筑功能、材料、气候、使用习惯等综合因素影响的结果，一方面顺应地形，解决高差，确保建筑平面布局的连续性，有效节约用地；另一方面底部架空作为缓冲空间，能够有效隔绝过多水汽对室内环境的不利影响，还兼具储藏、饲养家禽及牲畜等功能，体现出干湿分离、人畜分离的优势。

4.3.2 新型建筑材料

新型建筑材料主要包括玻璃、保温材料、防水材料、合成制品等。与地域传统性材料相比，具有显著的保温、隔热、防水防潮等性能，是当代绿色农房建设中提升建筑品质、改善室内热环境的重要选材。

绿色农房在尽量减少建筑材料使用量的前提下，还应尽可能选择低能耗材料、可回收材料、可再生材料、易降解材料等。

1. 墙体材料

从节能和节地等方面考虑，国家已明令禁止实心烧结黏土砖在城市建筑中的使用。综合考虑经济、节能、外观效果等，陕南地区绿色农房墙体材料可选择采用空心页岩砖、空心砌块、秸秆复合板、纤维复合板等新型材料。

2. 门窗材料

外门和外窗是农房室内热损失的主要部位，也是影响居住环境舒适性的重要因素。陕南地区农房的外门可以选用夹板保温门或双层门。带有玻璃的外门，应设置密封条，其玻璃宜采用双层或多层玻璃，以增强外门的整体保温效果。外窗应根据当地气候特点，优先选择节能窗，如中空双玻塑钢窗、Low-E中空双玻塑钢窗等。

4.4 气候变化应对模式

4.4.1 气温升高

气温升高是目前陕南地区气候变化的主要现象之一，同样是该地区未来气候变化的明显趋势。应对气温升高，在当地绿色农房设计中应注意提升其形体、空间布局及围护结构的隔热、自然通风和遮阳等方面性能。

1）空间布局可采用应变式设计模式，使农房具有随室外环境变化做相应调节的能力。首先，可以设置室内外过渡空间，并在其最外层围护结构设置较大面积的门窗。冬季关闭门窗，农房体形紧凑，有利于保温御寒；夏季开启或移除门窗，使农房体形舒展，有利于通风散热。其次，在通风方面，陕南地区受大陆性季风气候及山地气候的影响，农房应根据其所在场地冬季及夏季各自的主导风方向进行空间布局及开窗处理，以兼顾冬季防风和夏季通风的需要。

2）围护结构应满足冬季保温和夏季隔热需求，需要合理确定围护结构的传热系数。同时，可利用活动保温板、遮阳板等构件调节围护结构的保温隔热性能。

3）合理设计风道，以实现热压通风或风压通风。

4）遮阳方面可以考虑采用多种形式，如屋顶遮阳，与阳台结合的遮阳板遮阳，可调整角度的水平遮阳；与防风通风结合的遮阳，绿化遮阳等。

4.4.2 暴雨增多

针对陕南地区暴雨增多的气候变化趋势，当时绿色农房气候适应性设计应着重提高其防雨防潮性能。另外，陕南山区页岩丰富，而页岩在阳光暴晒之后受风雨侵蚀易碎裂，暴雨可能增加山洪、滑坡、泥石流等灾害。因此，在农房设计中需要注意以下方面：

1）加大基础置埋深度。

2）提高墙体、屋顶等围护结构的密闭性。

3）屋顶和庭院应具有迅速排雨水的坡道或管道。

4）门窗开口及对位设置应该有利于自然通风。

5）门窗洞口应注意防水，窗台高距离地面1 m以上。

6）起居空间宜尽可能设置在二楼及以上。

7）底层地面和墙面的设计应使其在灾害天气过后不受损坏，或损坏后易于修复。

8）底层电路宜单独设置，电源插座宜至少设置在座椅高度。

参考文献

[1] 汉中市地方志编纂委员会．汉中地区志卷一：第一册[M]．西安：三秦出版社，2010.

[2] 安康市地方志编纂委员会．安康地区志[M]．西安：陕西人民出版社，2004.

[3] 商洛市地方志编纂委员会．商洛地区志[M]．北京：方志出版社，2006.

[4] 杨睿敏，彭菊蓉，鲁学忠．汉中市40年降水量特征分析[J]．陕西水利，2010（4）：127-128.

[5] 巫其祥，李明富．陕南民俗文化研究[M]．北京：高等教育出版社，2014.

[6] 陈良学．明清川陕大移民[M]．北京：中国文联出版社，2009.

[7] 辞海编辑委员会．辞海[M]．上海：上海辞书出版社，1989.

[8] 王其彦，风水理论研究[M]．天津：天津大学出版社，1992.

[9] 刘振佳．我们相信什么：儒学背景下的民族信仰思考[J]．济宁学院学报，2014，35（1）：11-16.

[10] 李扬．地区建筑演进与发展初探[D]．北京：北京建筑工程学院，2009.

[11] 潘谷西．中国建筑史[M]．7版．北京：中国建筑工业出版社，2015.

[12] 王军．西北民居[M]．北京：中国建筑工业出版社，2009.

[13] 刘致平．中国居住建筑简史：城市、住宅、园林[M]．北京：中国建筑工业出版社，1990.

[14] 张鸽娟．陕南新农村建设的文化传承研究[D]．西安：西安建筑科技大学，2011.

[15] 何书源．陕南前店后宅式院落民居研究[D]．沈阳：沈阳建筑大学，2013.

[16] 张强．雍鹏．陕南传统民居建造技术研究[J]．四川建筑科学研究，2010.36（3）：263-265.

[17] 闫杰．多元文化视野下的陕南民居：以陕南古镇青水川为例[D]．西安：西安建筑科技大学，2007.

[18] 中华人民共和国国家统计局．国家数据．[EB/OL]．[2019-5-5]．http：//

data.stats.gov.cn.

[19] 中华人民共和国住房和城乡建设部．2017年城乡建设统计公报．[EB/OL].[2019-5-5]．http：//www.mohurd.gov.cn/xytj/tjzljsxytjgb/index.html.

[20] 中华人民共和国住房和城乡建设部．中华人民共和国工业和信息化部.住房城乡建设部　工业和信息化部关于开展绿色农房建设的通知（建村[2013]190号）[EB/OL].[2013-12-08].http：//www.mohurd.gov.cn/wjfb/2013121t20131225-216676.html.

[21] 郝石盟，宋晔皓.不同建筑体系下的建筑气候适应性概念辨析[J]．建筑学报，2016（9）：102-107.

[22]杨柳．建筑气候学[M]．北京：中国建筑工业出版社．2010.

[23]余龙飞．陕南地区绿色农房被动式设计策略及过程的解析与整合研究[D].西安：西北工业大学，2019.

[24] 赵群.传统民居生态建筑经验及其模式语言研究[D]．西安：西安建筑科技大学，2005.

[25] ASHRAE Handbook Fundamentals[S]．American Society of Heating，Refrigerating and Air-Conditioning Engineers（ASHRAE），Atlanta，Ga，USA，2001.

[26] 鲁渊平，杜继稳，侯建忠，等．陕西省风速风向时空变化特征[J]．陕西气象，2006（1）：1-4.

[27] 曹炜．中日居住文化[M]．上海：同济大学出版社，2002.

[28] 杨征．亚临界水蓄热技术的研究[D]．北京：中国科学院工程热物理研究所，2015.

[29] 师奶宁．不同区域传统民居围护结构热工性能研究[D]．西安：西安建筑科技大学，2006.

[30] 郑瑞澄，路宾，董伟，等．被动式太阳能采暖建筑的优化设计技术[J]．建筑科学，1997（1）：10-15.

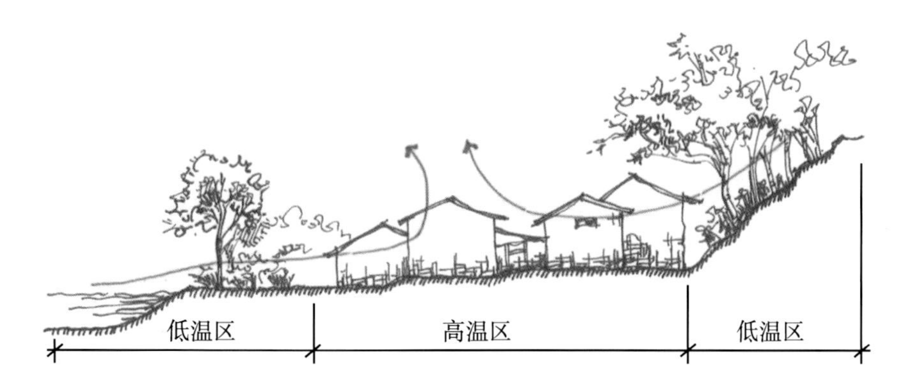

图 3-6　村落周围的河流、农田和树林有助于形成热压通风

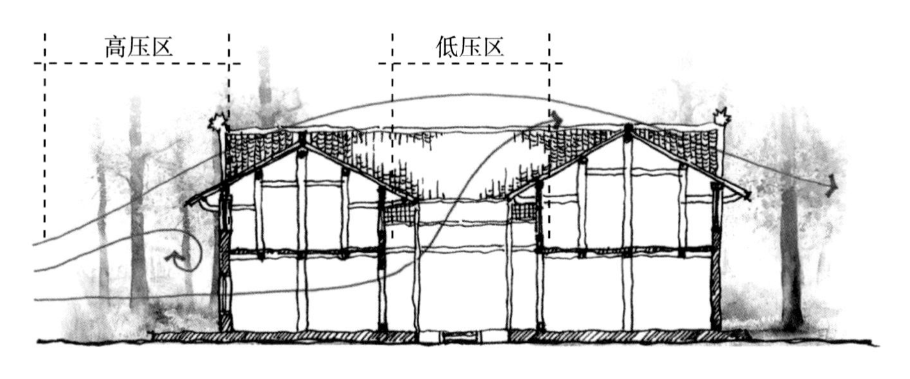

图 3-7　天井风压通风

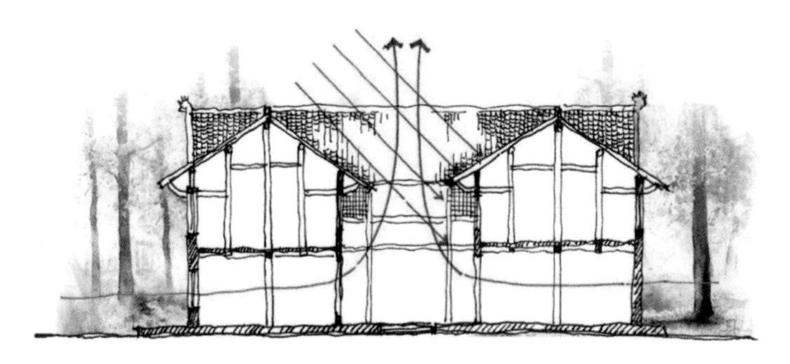

图 3-8　天井热压通风

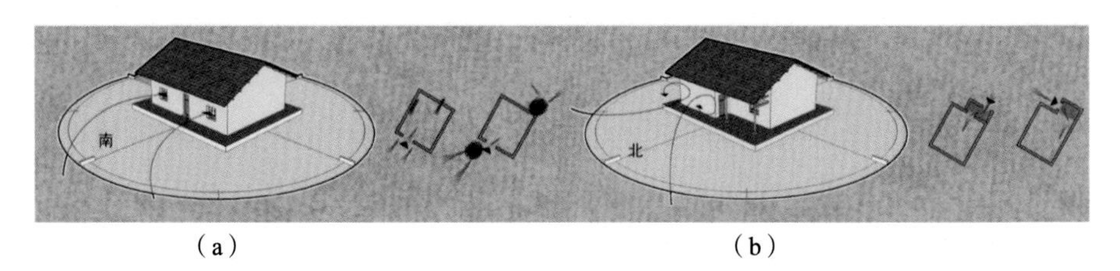

（a）　　（b）

图 4-15　主入口朝向与夏季主导风向的关系

（a）主入口确保迎向夏季主导风向；（b）主入口避开各季主导风向

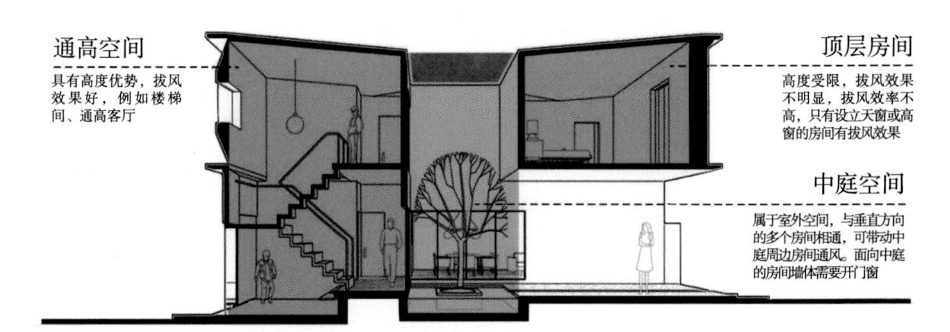

图 4-18　可进行热压通风的三种空间

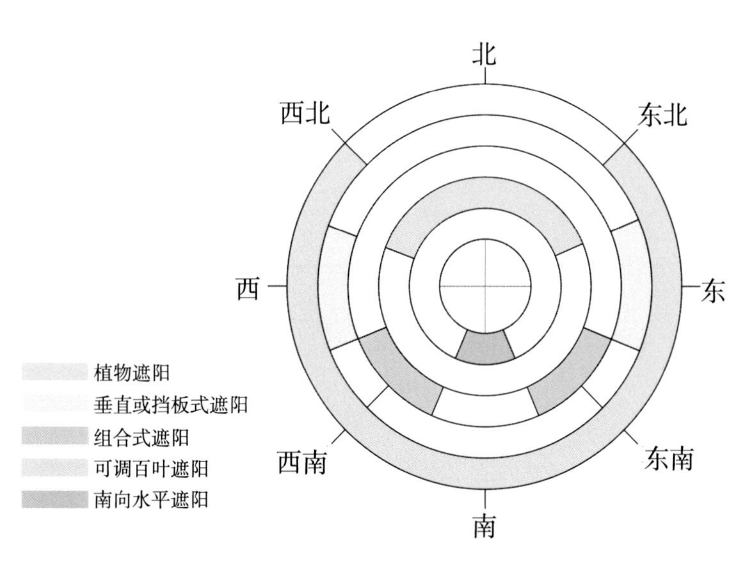

图4-19　不同遮阳形式的适宜朝向

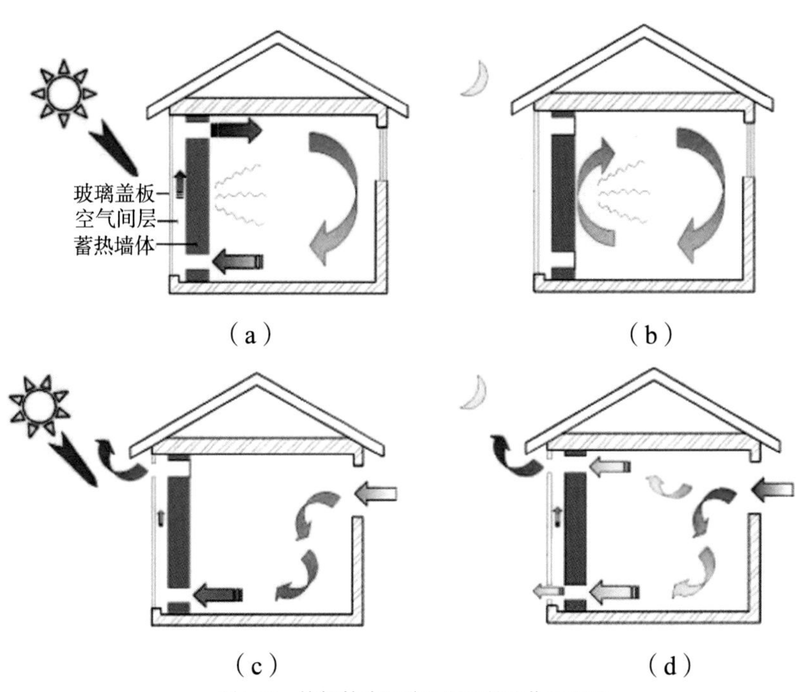

图4-20　特朗勃墙四种工况下的工作原理图

（a）冬季白天工况；（b）冬季夜晚工况；

（c）夏季白天工况；（d）夏季夜晚工况

图4-23　雨水回收系统示意图